みりんの知識

● 森田日出男 編著

幸書房

■編著者
森田日出男　宝酒造(株) 酒類・食品事業本部 顧問
　　　　　　モリタフードテクノ 代表取締役
　　　　　　農学博士

■執筆者─執筆順
山下　　勝　名城大学名誉教授
　　　　　　(株)ビオテック 技術顧問
　　　　　　農学博士
大江　隆子　前 神戸女子短期大学 教授
髙倉　　裕　宝酒造(株) 伏見工場 生産技術グループ 課長補佐
河辺　達也　宝酒造(株) 楠工場 生産グループマネジャー
　　　　　　農学博士
奥田　和子　甲南女子大学 教授
　　　　　　学術博士
小川　　洸　京都料理専修学校 副校長
小川　英彰　京都料理専修学校 校長
松田　秀喜　宝酒造(株) 酒類・食品事業本部 部長
　　　　　　農学博士
高橋康次郎　宝酒造(株) 取締役　技術・供給本部 副本部長
　　　　　　農学博士
大田黒康雄　宝酒造(株) SCMグループ　ジェネラルアシスタントマネージャー
佐藤　充克　NEDOアルコール事業本部　開発センター 所長
　　　　　　前 メルシャン(株) 食品研究所長
　　　　　　農学博士
森　　修三　キッコーマン(株) 商品開発部長
　　　　　　農学博士
谷口　淳也　キッコーマン(株) 商品開発部
橋本　彦堯　キッコーマン(株) 顧問
　　　　　　農学博士
赤野　裕文　(株)ミツカン　マーケティング本部 課長
鶴田　智博　宝酒造(株) 酒類・食品事業本部　マネージャー

『みりんの知識』を推薦す

福場　博保

（前　昭和女子大学学長）

　私達が調理をする場合，各種の調味料のご厄介になっているわけで，それらの調味料が持つ調味特性が生かされて初めて美味しい調理品が生み出されると考えることが出来よう．

　わが国では，特に調味料としては味噌と醤油に関して多くの文献があり，多種多様な味噌および醤油をどのように使用すればそれらの調味料の特性を生かして美味しく調理できるかが懇切丁寧に解説されている．最近では食酢に関しても世界の製品の解説書および輸入品が簡単に手に入る時代となり，一味違った酸味を愉しむ事も可能となった．食塩にしても，過去のJT製の海水を単にイオン交換膜法で製造した塩化ナトリウム単体の食塩では満足できない方々が，海水を濃縮して海水に含まれる各種無機質を混合濃縮した海水塩でなければ美味しい調理品は出来ないとわざわざこのような製品を使用する方も増えているようである．

　さて「みりん」であるが，その他の調味品に比べて利用されている割合には解説書なども少なく，一般には単に日本酒に砂糖を混ぜたアルコール入り甘味調味料程度に取り扱われ，場合によっては過去から「柳蔭（やなぎかげ）」あるいは「本直し」と呼ばれて甘いお酒と

して飲まれていた古い時代の名残で，単にお酒の一種である「みりん」を調味料として借用している程度に考えている方も未だに多いことであろう．

しかし実際には「みりん」には「みりん」独特の調理特性があり，この特性のおかげで日本料理の味に独特の深みを与えている事が次第に判り，「みりん」の利用が近年増大してきた．このような「みりん」の調理特性に関する研究には平成9年に発足した「みりん研究会」の皆さんの6年に及ぶ研究も大きく貢献している事を先ず称えなければならないし，全国の同学の研究者を組織し研究グループとして研究の質の向上に努力された宝酒造株式会社 酒類・食品事業本部顧問の森田日出男博士の並々ならぬご努力を忘れることはできまい．またこの『みりんの知識』が世に出る事が出来るのも同氏の努力によるもので感謝しなければならない．

「みりん」の原型がどのようなものであったかは詳らかに出来ないが，江戸時代の酒造書である「童蒙酒造記」（1686年）には練酒の製法が書かれているが，これによると，「もち米一斗を蒸し地酒一斗と混合し日数を経て出す」（本書第2章）と記されている．恐らくこの製法が「みりん」の製法の原型であっただろう．松田美智子さんの書かれたもの（『ひととき』2003年5月号）に，「みりん」のルーツは古く鉄砲伝来（1543年）あたりまで遡る．鉄砲と共に伝えられた蒸留技術から生まれたのが焼酎．これに麹ともち米を臼で挽いて加えた練酒，これが「みりん」の原型らしいと書かれている．練酒で用いられた酒の代わりに焼酎が用いら

れるようになっている．1663年の「みりん」の製法に関する文献では既に原料として焼酎が使われているので，酒から焼酎への転換は割合速やかに行われ，それと共に「みりん」の製造，需要も拡大したものと類推される．

　「みりん」も当初はアルコール性飲料に過ぎなかったようであるが，江戸時代からうなぎの蒲焼のたれなどに調味料として珍重され，次第に調味料としての利用が多くなってくる．この「みりん」が持つ加工特性および調理特性は本書で詳細に述べられているのでここでは述べないが，最近色々な料理毎に「みりん」を主体とするだし，つゆの類が開発され，食料品店の店頭を賑わしていることからも「みりん」の特性が知られるであろう．あるテレビでは，「このだしがあればお嫁に行けます」というコマーシャルが流れたときもあるが，現在，どの家庭でも多くのめんつゆ，だしの類のペットボトルが台所に林立しているであろうが，これも一つの社会反応であろう．

はじめに

　みりんはアルコール分を多く含んだ甘い調味料である．みりんがはじめて文献にあらわれたのは文禄2年（1593）の『駒井日記』とされる．当時の資料から，蜜淋酎（みりんのこと）は珍しい酒として公卿，僧侶，武将，豪商などの上層階級の贈答品であった．現在のみりんに比べると甘味はかなり低いものであったと推察されるが，当時は甘い酒として下戸や婦女子に愛飲されていた．

　日本料理が発展していったとされる元禄元年（1688）の料理本『合類日用料理抄』に調味料としての初めての記載がある．やがて調味料として多用されだしたみりんは文化・文政の高級料亭「八百善」の料理本である『料理通』（1822年）では基礎調味料的な扱い方をされている．

　この頃，江戸の町には蕎麦屋，鰻屋などの飲食店も普及し，江戸の味付けに必要なかつお節，醤油，みりん，砂糖がよく使われたのであろう．日本人の食文化（料理文化）は室町時代末期・安土桃山時代にはじまり，江戸時代に発展・完成されたとされるが，調味料としてのみりんもその生い立ちから，食文化の発展に寄与したものと考えられる．

　みりんはもち米，米麹としょうちゅう（またはアルコール）を主原料としており，その米麹で蒸したもち米を長時間かけて糖化・熟成して作られる醸造調味料である．みりんが甘いのはグル

コース・マルトース・イソマルトース・ニゲロース・イソマルトトリオース・パノースなどの複雑な糖によるもので，温和な，幅の広い甘味を示す．

　また，うるち米ではみりんが出来ないのは，みりん醪（蒸しもち米，米麹，しょうちゅうを混ぜたもの）のアルコール度が高いので，うるち米のアミロースが老化して多くの糖分が得られないからである．

　しかし，もち米のかわりにうるち米を利用したり，うるち米で作る米麹をもち米で作るなどの技術開発や，米麹に使われる麹菌の性質を改良したり，他の麹菌を使って酸の量や組成を変えるなど，みりんの中華料理や西洋料理などへの応用分野を広げようとする試みもなされている．また古くから，料理や食品加工に質の良い甘味を与えたり，てり・つやを付けたり，生臭みを消したり，また食材の持ち味を引き出したりするなどの効果を求めてみりんが使われている．

　最近になって，これらのみりんの調理効果を料理による定性的な官能評価から，低真空走査電子顕微鏡，ガスクロマト-質量分析計，液体クロマト-質量分析計や立体物光沢分析装置などの機器分析と官能評価を組み合わせたセミ定量的な評価により，アルコール分の効果が予想以上に大きいことなどの新しい知見が得られている．今後，みりんとともに赤酒，香雪酒（老酒），マディラワインなどの東西の甘い酒類調味料や清酒等の効用が期待される．

　みりんは酒税法上は酒類として取り扱われていて酒税がかか

はじめに

り，販売は酒屋さんしか出来なかったが，1996年に「みりん小売免許」が緩和され，スーパーなどにもみりん風調味料と並んで販売されるようになり家庭への拡がりをみせている．

みりんに関する本としては，著者も監修の1人として携わった，生活の科学シリーズ『本みりんの科学』((財)科学技術教育協会，1986年）があるが，その後みりんに関する食文化の調査，醸造（製造）技術や調理効果の解析などの進展も大きく，流通などの食を取り巻く環境の激変もあり，本書は再度新しくまとめたものである．

食に関心のある方々に本書がお役に立てば望外の幸である．

なお現在の酒税法では，「みりん」の範疇(はんちゅう)には本みりんと本直しがあり，本みりんとは「アルコール分が15度未満でエキス分が40度以上のものを言う」とあり，これは社会通念上の古来のみりんに相当するものである．

したがって本書では「みりん」という表記を用いる場合は現在の酒税法に拠る「本みりん」と理解していただきたい．また，みりん風調味料等との記述が混在する場合には，誤解を避けるために「本みりん」と表記した．

本書をまとめるにあたり，執筆をお願いした方々をはじめ，多くの方々にお世話になり，種々のご教示を頂いた．

特に，本書の推薦の辞を賜った前 昭和女子大学学長 福場 博保先生，また長い間暖かくご指導下さいました宝酒造株式会社

大宮 久 社長，および心のゆとりの場を提供された叶匠寿庵 芝田 清邦 社長には万感を込めて感謝申し上げます．

　また本書の出版にあたっては，小生の病気のため一年近く出稿が遅れたにもかかわらず，辛抱強く配慮を頂いた株式会社幸書房の夏野氏や煩雑な校正をお願いした大志田，長谷川の両氏に厚く御礼申し上げる．

　2003 年 10 月

大津　寿長生の里にて

森田　日出男

目　　　次

『みりんの知識』を推薦す ……………………………………iii
は じ め に ……………………………………………………vii

1章　みりんを取り巻く環境 ……………………………3

1.1　はじめに …………………………………………………3
1.2　麹（醸造）とみりん ……………………………………5
1.3　調理とみりん ……………………………………………7
1.4　グローバリゼーションとみりん ………………………10

2章　みりんの歴史 ………………………………………13

2.1　みりんの由来 ……………………………………………13
　2.1.1　みりんの表記について　13
　2.1.2　みりん　14
　2.1.3　本直し（柳蔭）　16
　2.1.4　みりんの発生と伝来　17
　2.1.5　練　酒　19
　2.1.6　白　酒　21
　2.1.7　保命酒, 忍冬酒　22
　2.1.8　南蛮酒　23
　2.1.9　霙酒, 霰酒　24
2.2　みりんと食文化 …………………………………………26

- 2.2.1 みりんの料理への利用の意義 ……………26
- 2.2.2 みりんは飲用から始まった ……………29
- 2.2.3 料理への利用における時代区分とその背景 ……………31
- 2.2.4 調理法別みりんを使った料理 ……………40
- 2.2.5 みりんが使用された食材について ……………40
- 2.2.6 みりんと同時に使用した調味料 ……………51
- 2.2.7 みりんが出現した『複製本』の利用率の地域比較 ……………54
- 2.2.8 みりんの調理効果と料理 ……………54

3章 みりんの製造 ……………63

- 3.1 はじめに ……………63
- 3.2 みりんの原料 ……………63
  - 3.2.1 もち米 ……………64
  - 3.2.2 米 麹 ……………67
  - 3.2.3 焼 酎（アルコール） ……………74
  - 3.2.4 その他の原料 ……………75
- 3.3 みりんの製造 ……………77
  - 3.3.1 製造方法の変遷 ……………77
  - 3.3.2 原料米の処理 ……………78
  - 3.3.3 製 麹 ……………81
  - 3.3.4 仕込み ……………84
  - 3.3.5 糖化・熟成 ……………89
  - 3.3.6 圧搾・滓下げ・ろ過 ……………93

4章　みりんの成分 …………………………97

4.1　一般成分 …………………………97
4.2　糖および糖関連物質 …………………………100
4.3　窒素化合物（アミノ酸・ペプチド）…………………………103
4.4　有機酸類 …………………………106
4.5　香気成分 …………………………108
4.5.1　アルコール類 …………………………110
4.5.2　エステル類 …………………………111
4.5.3　カルボニル化合物類 …………………………113
4.6　その他の成分 …………………………114
4.6.1　着色成分 …………………………114
4.6.2　混濁物質 …………………………115
4.6.3　みりん粕の成分 …………………………116

5章　みりんの調理効果 …………………………119

5.1　成分と調理効果 …………………………119
5.2　アルコールの効果 …………………………120
5.2.1　調味成分の浸透性向上 …………………………120
5.2.2　テクスチャー改良 …………………………122
5.2.3　煮崩れ防止 …………………………124
5.2.4　エキス成分の溶出防止 …………………………131
5.2.5　消臭効果 …………………………134
5.2.6　防腐・殺菌効果 …………………………135
5.2.7　呈香味の向上 …………………………135

5.2.8　その他の効果 …………………………138
　5.3　糖類の効果 ………………………………139
　　5.3.1　てり・つやの付与 …………………139
　　5.3.2　消臭効果 ……………………………141
　　5.3.3　煮崩れ防止 …………………………144
　　5.3.4　エキス成分の溶出防止 ……………147
　　5.3.5　上品な甘味の付与，呈味の改良 …148
　　5.3.6　その他の効果 ………………………149
　5.4　アミノ酸・ペプチドの効果 ……………149
　　5.4.1　うま味の付与，呈味の向上 ………149
　　5.4.2　塩味・酸味の緩和作用 ……………151
　　5.4.3　アミノ-カルボニル反応の前駆物質 …………152
　5.5　有機酸の効果 ……………………………152
　　5.5.1　幅のある酸味の付与 ………………153
　　5.5.2　甘味・塩味の矯正効果 ……………153
　　5.5.3　保存性の向上 ………………………153
　　5.5.4　その他の効果 ………………………153
　5.6　香気成分の効果 …………………………154

6章　みりんと調理 ……………………………157

　6.1　家庭料理への応用 ………………………157
　　6.1.1　みりんの特徴 ………………………158
　　6.1.2　みりんの使い方 ……………………159
　6.2　加工食品への応用 ………………………168
　　6.2.1　水産練り製品への利用 ……………170

6.2.2 佃煮への利用 …………………………………172
6.2.3 漬物への利用 ……………………………………173
6.2.4 つゆ・たれへの利用 ……………………………174
6.2.5 畜肉加工品・ハムへの利用 ……………………176
6.2.6 菓子・パンへの利用 ……………………………177
6.2.7 惣菜・冷凍食品への利用 ………………………177
6.2.8 その他の加工食品への利用 ……………………180
6.2.9 みりんの加工食品分野における現状と将来
　　　　………………………………………………181

7章　みりんと類似調味料 …………………………185

7.1 酒類調味料 …………………………………………185
　7.1.1 赤　酒 ……………………………………………186
　7.1.2 老　酒（香雪酒）………………………………193
　7.1.3 マデイラワイン …………………………………201
7.2 発酵調味料 …………………………………………212
　7.2.1 発酵調味料とは …………………………………213
　7.2.2 発酵調味料の種類 ………………………………214
　7.2.3 発酵調味料の市場規模 …………………………216
　7.2.4 発酵調味料の製造方法 …………………………217
　7.2.5 発酵調味料の主な用途と品質 …………………221
　7.2.6 発酵調味料の将来 ………………………………226
7.3 みりん風調味料 ……………………………………227
　7.3.1 みりん風調味料の歴史 …………………………227
　7.3.2 みりん風調味料の製法および成分 ……………228

7.3.3　みりん風調味料の調理効果 …………………230
7.3.4　みりん風調味料の今後の展望 …………………231

8章　みりんと酒税法 …………………………………233

8.1　みりんの定義 ………………………………………233
8.2　酒税率について ……………………………………236

9章　みりんの品質規格と消費動向 …………………239

9.1　広義みりんの消費動向 ……………………………239
9.1.1　広義みりんとは …………………………………239
9.1.2　広義みりんの市場規模 …………………………239
9.1.3　広義みりんのメーカー別シェア ………………240
9.1.4　本みりんの市場規模とみりん小売免許緩和
　　　　　……………………………………………………241
9.1.5　家庭における本みりんの消費実態 ……………243
9.2　本みりんの分類 ……………………………………244
9.2.1　本みりんの品質による分類 ……………………244
9.2.2　その他の本みりんの呼称 ………………………246
9.3　本みりんの将来と品質規格 ………………………246
9.3.1　本みりんの選択の目安 …………………………246
9.3.2　本みりんの品質への満足度 ……………………247
9.3.3　本みりんの将来展望 ……………………………248

索　　引 …………………………………………………251

みりんの知識

1章 みりんを取り巻く環境

1.1 はじめに

　日本の食生活は近年多様化し，和・洋・中華の垣根が低くなってきたとはいえ，極東アジアの気候風土や伝統的な日本人の嗜好によって醸成されてきていることに変わりはない．それは日本の食卓が米を主食として，豊かな海産物や野菜，豆類などの食材を副食として，種々の醸造調味料を活用し調理している点に大きな特徴があることによる．

　日本は温暖多湿で，海に囲まれ，海産物，農作物や果物に恵まれている反面，微生物が繁殖しやすく，古来より良くも悪くもカビとの共生が必定であった．

　清酒，醤油，味噌や食酢などの酒・調味料は麹（カビ）が必須な醸造食品である．清酒では，昔から「一麹，二酛（もと），三造（つくり）」といわれ，醤油では「一麹，二櫂（かい），三火入れ」と，いずれも醸造における麹の重要性が述べられていることからも理解できる．

　また，世界の三大銘酒の一つといわれる老酒（ラオチュウ）は，同じ東アジアの中国で麹を利用した醸造酒であり，アミノ酸量も多く，その香味は中華料理に欠かせない調味料でもある．もっとも，日本の麹は黄麹菌（きこうじ）であり，形状も米麹のように散麹（バラ）であるが，老酒などの

醸造に用いる中国の麴は藻状菌(クモノスカビ,ケカビ)が多く,原料を練り込んだ餅麴(へいきく)で,使用する麴によってずいぶんと異った酒が醸成される.

みりんに関する最も古い文献は江戸時代に入る前の文禄2年(1593)の『駒井日記』といわれる.また料理本への初出は鳥醤(とりびしお)に使われたという記載がある『合類日用料理抄』(1689)である.

みりんは室町時代から戦国時代にかけては,日本におけるキリスト教布教活動にも用いられ,「上戸には焼酎(しょうちゅう)をあたえ,下戸には味醂酎(みりんちゅう)をもてなし」とある.また,1837〜67年頃の諸国の風俗を描いた『守貞漫稿(もりさだまんこう)』には,関東でうなぎの蒲焼(かばやき)のたれやそばつゆに使われたとの記載がある.

このようにみりんは当初は甘味至酔飲料として用いられ,その後,砂糖などが入手し難い江戸初期において甘味付与を主な目的として使用され始め,やがて料理屋のうなぎの蒲焼のたれ,そばつゆなどの調味料として使用されていったと思われる.

明治になって,煮物・照焼・すき焼きなど,一般の家庭用調味料として広がり,さらに食品加工業が発展する大正,昭和期には練製品・漬物・たれ・つゆなどに広く使われるようになり,みりんの消費量は急速に拡大していった.

現在では,家庭で料理をする頻度が減ってきており,それに伴って家庭におけるみりんの使用量は減りつつあるが,うどん・そば店,レストラン,専門店などの飲食店で,また加工食品用原料として簡便なめんつゆ,焼き肉のたれ,煮物用調味料などの家庭用プレミックス調味料としての消費は増えている.

みりんの名称は，かつては蜜淋酒，美醂酒，蜜醂酒などと記載され，甘い酒を意味していたが，明治4年の酒税法が設定される際に「味淋」の名称が決められた．

本直しとは本みりんを焼酎で割って，アルコール分を高くし，糖分を薄めた飲用のもので，柳蔭(やなぎかげ)とも言う．また，三月の節句に用いられる白酒は仕込み配合は少し異なるものの，みりん醪(もろみ)を濾別しないで，そのまますり潰したものである．

以下に，みりんを取り巻く環境について述べる．

1.2 麹（醸造）とみりん

もち米，米麹（うるち米），焼酎またはアルコールを主原料とするみりんは，清酒と違って酵母によるアルコール発酵工程がない．すなわち，高濃度のアルコール溶液の中で米麹の持つ酵素群の作用により，もち米から糖，アミノ酸などが生成され，また米麹の代謝産物が抽出されたり，麹菌の自己消化により香味成分が産出される．このため麹の良否はみりんの品質に大きく左右する．さらに20〜30℃，30〜60日の糖化・熟成期間では，酵素反応や非酵素的反応などにより，上記の成分は複雑な風味物質となってみりんが醸造される．

清酒の醸造においては，米が米麹により糖化されてブドウ糖となり，酵母がそれを代謝してアルコールを生産するが，みりんではアルコール溶液の中でもち米が米麹により分解されて，ブドウ糖などの糖類を多く蓄積するのである．昔から酒造りは「一麹，

二酛，三造」といわれ，麹が重要視され，みりん醸造では「一麹，二仕込み，三熟成」とされ，麹作りが最も大切であることがわかる．

一般に米麹に使用されるカビは *Aspergillus oryzae* で，調味料としてのみりんには呈味が求められ，酵素力としては，アミラーゼとともにプロテアーゼも強いものが求められる．また，みりん特有の重厚な甘味は糖濃度が高いことと，さらにイソマルトース，イソマルトトリオース，パノースなどが関与することによる．その生成にはトランスグルコシダーゼ活性の高い麹菌が要求される．

近年，みりんの用途が和食だけでなく洋食・中華と広がり，うどん・そばのつゆ類や，焼き肉・うなぎ蒲焼のたれ類などの加工食品原料としての使用が伸びている．その一方では，家庭において肉，野菜，魚の煮付け・照焼などの料理頻度が少なくなるなどの食生活の大きな変化があり，みりんについても消費動向に合わせ，多様化の様相を呈してきていると考えられる．

たとえば同じ醸造調味料である醤油，味噌，食酢では，原料として大豆，米，麦や果実などを必要に応じて用い，品質特性を出すことにより，嗜好の多様化に対応している．それに対してみりんは酒類の範疇(はんちゅう)に入るため，酒税法により原料や製造法，成分が定められており自由度が狭く，また法的な規制が緩和されてきてはいるものの，みりんの製造や販売には限定的な制度があり，しかも調味料として使われながら酒税を課せられている．

そこで酒税法の枠からはずれた発酵調味料やみりん風調味料に

より，みりんの持つ様々な調理効果のある部分のみを特化させる製品が作られて現在に至っている．

しかし，現状の酒税法上の枠内で，特徴あるみりんの開発もなされており，*Asp.oryzae*の変異株を用いたり，*Asp.niger*や*Asp.awamorii*を使って酸量を増やすなどして組成を変え，魚や肉の生臭みを消したり，プロテアーゼ力の強い麹菌を使って，通常のものより数倍も高いアミノ酸をみりん中に産生させ，老酒のようなうま味の強い調味料とするみりんの可能も探っている．

また，原料の焼酎またはアルコールを，清酒様フレーバーを有する焼酎や高級アルコール含量の多いアルコールを使って作り，マスキング効果を高めたり，食材に香味を付与する製品の検討もなされている．

このように，様々な工夫によってみりんの特長が広げられつつあるが，みりん本来の調理効果である，食材の持ち味を引き出す隠し味としてや，特化した調理効果を具現できるのは，麹（カビ）に負うところが大きい．

1.3 調理とみりん

みりんの調理効果は，みりんの糖分，アルコール分やもち米，米麹に由来する特有の風味成分によるもので，以下の効用がある．

1) 上品な甘味を付ける
2) てり，つやを付ける

3) 嫌な臭いを消す
4) 食品の風味をまとめる
5) 味の浸透をよくする
6) 煮崩れを防ぐ
7) 食材の可溶成分の溶出を抑える

　みりんのこのような調理効果については経験的に広く認識されていて，最近になってその効果に関与する成分や仕組みについての概要が科学的にも明らかにされつつある．

　一般に様々な調理効果は，その調味料が持つ機能特性と，それを生かす調理技術の融合によって生み出されるものであり，その評価についてはこれまでは人の五感による官能評価のみが取り上げられていた．その官能評価についても，十分に訓練され，選抜された人による評価を統計的に解析したというものは少なく，多分に嗜好的な評価が多い．また一方では，調理効果の評価が統計的解析に片寄りすぎて，本来の調理目的から逸脱した手法によるものも散見される．

　今後の課題としては，調理効果の定量的解析が必要で，それにはみりんの成分と，料理に用いられる他の調味料や食材との反応機構を科学的に検証することが必須であると言える．そして言葉による定量的官能特性のプロファイル化など，官能評価について一層のレベルアップを図ることと，科学的な裏付けが必要である．

　たとえば，食品に良い風味を付ける調理効果について，煮る・焼く・炊くなどの調理操作によって魚・肉・野菜などの食材と，

みりん，醬油などの調味料成分がどう変化するのかを見る物理的科学的反応，そして香味成分の生成や水分，重量などの成分分析や官能評価について総合的に見ていくのである（図1.1）．

また嫌な臭いをなくすといっても，清酒，ワインなどのように，それらの香気で覆い隠すマスキング効果，みりんのα-ジカルボニル化合物による臭い成分との化学的反応，またアルコールなどによる揮発性成分の共沸効果，さらには微生物や酵素の作用によって臭いを除くなどの様々な消臭機構があるので，それらを把握したうえで調理に応用することも大切である．

次に，アルコール分を多く含む酒類(しゅるい)調味料はみりんの他にも，清酒，ワイン，老酒等の醸造酒（穀類，果実を原料として発酵させてつくる酒類）が主に調理に使われる．

アルコールの調理効果としては以下のものがある．
1) 調理素材の生臭みを除く
2) 煮崩れを防ぐ
3) 素材に味を均一に浸透させる
4) 素材を柔らかくする
5) 料理の保存性を高める

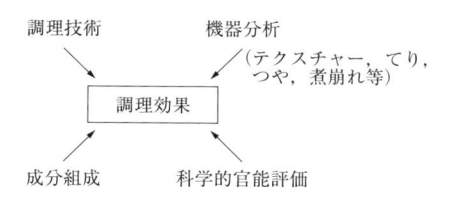

図1.1 総合的解析による調理効果の追求

（調理技術，機器分析（テクスチャー，てり，つや，煮崩れ等），成分組成，科学的官能評価 → 調理効果）

酒類調味料の調理効果にはアルコールが関与するものが多く，奥田らは調理による鯨肉の重量減少を抑えるにはアルコール濃度が0.3％でも効果があるとしている．しかしながら，みりんを調理に使う場合，経験的に「煮切り」といって，みりんをあらかじめ加熱し，アルコールを除いて（または少なくして）使う場合が多い．どのような調理操作がみりんの効用を一番引き出せるのか，どのような食材に「煮切り」が必要なのか，科学的な解明が待たれる．

 また，市販の料理本にはみりんを使ったレシピが多いが，みりんと〈清酒＋砂糖〉の使い分けが千差万別である．みりんの糖はグルコースが主体の還元糖で，料理にてり，つやを出すには必須であり，嫌な臭いを消すマスキングには清酒の使用がよいと考えられる．

 さらに今後，調理効果の研究はおいしさだけにとどまらず，食材の持つ機能性，栄養性などを含めて，科学的に追求されることが重要であり，そのためには関連する各分野の研究者が連携することが大切である．

1.4 グローバリゼーションとみりん

 みりんの品質に大きく関与する要因は原料，醸造方法および製品の成分である．もち米，米麹（うるち米），焼酎またはアルコールはみりんの主原料であり，みりんの品質に大きくかかわるものであるが，国内のもち米，うるち米は海外産のそれに比べ価格が高い．たとえば日本の短粒種と同じ中国のジャポニカ系もち玄

米価格はキロあたり2元（約30円）と安価であり，品質もそれほど劣るものではない．

しかし米穀は，国内産の保護政策による関税障壁が高くて輸入が難しいため，みりん原料用として関税の低い白酒醪（もち米，米麹およびアルコールの混和したもの）の輸入量が拡大している．また原料アルコールについても，ブラジルや東南アジアより粗留アルコールを輸入し，国内で精製して使用する場合が多い．

このようにみりんに関連する原料の製造は，海外生産拠点が飛躍的に増え，しかも加工食品も半製品から次第に最終製品へとシフトしつつあり，それに伴って現地でのみりん需要が増加していることがあげられる．それには，安価な原料を入手できるだけでなく，低賃金の労働力や日本からの技術指導によるレベルアップ，かつ醸造設備等のインフラ整備もなされ，それなりの品質が確保されつつあることも後押ししている．

このような背景から，海外でのみりん生産は日本への白酒醪の輸出にとどまらず，現地消費に対応できる状況になりつつあり，みりんを使う他の食品産業にも現地生産で対応できるようになっている．

近年，中国などではみりんが多く使われるうなぎの蒲焼，焼き鳥，焼き肉等の消費も増えてきており，みりんは調味料として海外市場への参入も始まっている．みりんや，みりんが使われる食品などがグローバル化されるにつれ，日本においては酒税法上のみりんや，公正競争規約の定まらない発酵調味料，みりん風調味料等の総括的な規約が早急に必要となろう．

参 考 文 献

1) 藤田恒春編,駒井重勝著:増補 駒井日記,太平社(1992)
2) 小瀬甫庵:太閤記,京都吉文字屋(1661)
3) 酒税法租税特別措置法第87条の3項(昭和32年法律第26号)
4) 相島鉄郎:ぶんせき,p.297(1999)

〔森田日出男〕

2章　みりんの歴史

2.1　みりんの由来

2.1.1　みりんの表記について

　みりんには，蜜淋酒，蜜淋酎，蜜林酒，美淋酒，美淋酎，味醂(みりん)酎(ちゅう)，味淋酎，味淋酒，みりん，みりんしゅ，みりん酒など色々の字が当てられている．本来の名前を推定してみると，蜜淋酒または蜜淋酎が正しいと推定される．中味から考えると，蜜が淋(したた)るような甘い濃い酒または酎（中国ではアルコール度数の高い酒を酎と呼ぶ）であると思われる．この字を使用している『駒井日記』[1]，『琉球国史略』[2] が一番古い時代の文献であること，当時の日本では，音が同じであれば異なる漢字を使用するのがごく普通のことであったことから，蜜淋酒または蜜淋酎であったものが，色々の字に変えて使用されたもので，これら以外の使用は当て字であると考えてよいと思われる．ただし，蜜淋酒または蜜淋酎という名称は中国に存在していないが，蜜酒，蜜沉沉という名称は今も存在している．蜜酒を説明する時に蜜がしたたるような甘い酒という説明がなされ，これが蜜淋酒として日本に定着したものと思われる．味淋という漢字が定着したのは，明治政府が明治4年に「酒税法」を作った時にこの漢字を採用したからであり[3]，

歴史的に長く使用されたものでもなく，あまり意味のある漢字でもない．

2.1.2 みりん

『駒井日記』文禄2年（1593）一月晦日の条に，「三位法印様蜜淋酒進上成ラレ…」[3]，戦国時代の武将黒田如水（1546-1604）から博多の豪商神谷宗湛あての手紙に「蜜林酒斗合二つ…」[4]，南都（奈良）般若寺の古牒に「慶長七年（1602）三月十三日…ミリン酒三升代百九十五文…」[5]とあり，また戦国時代に日本に来たキリスト教の宣教師達は，布教の手段として「上戸には焼酎をあたえ，下戸には味醂酎をもてなし」ていた[6]．『貞徳文集』には「葡萄酒，焼酎，美淋酎は異国より来り候」[7]とあるように，室町時代から江戸初期には，みりんは異国よりきた珍しい酒であった．この酒の製法が日本に伝来し，日本で製造されるようになったのは戦国時代末期で，琉球（沖縄）から大坂に伝来した[3,8]．1663年頃に大坂天満粉川屋で「糯米九斗，麹米四斗五升，焼酎一石，醪日数三十日」でみりんが製造されている．当時は飲用にされるとともに酒の甘辛の調節にも利用されていた[9]．このようなことは，江戸末期から明治初期まで行われていたらしく，江戸末期には，東海地方の多くの酒造場で，醪取焼酎，粕取焼酎とみりんが製造されていた．江戸末期には，酒免許（酒造には幕府の免許を必要とした）を所有していない一般庶民も盛んにみりんの製造を行っていた[10]．

江戸初期にはまだ庶民一般の飲み物として普及していなかった

みりんも,中期以後になると一般の飲み物となっている.「みりん酒を入れてびいどろ(ガラス瓶)すすぐ也」[11]),「俄雨みりんをのみに寄るやつさ」[12]),「旅の拍子の抜けるみりん酒」[13]) など俳句や川柳に多くあらわれるようになっていた.『和漢三才図会』にも「按,美淋酎,近時多造之,其味甚甘而下戸人及婦女喜飲之,糯米……三七日而成,搾去糟,其の糟亦甘賎民代菓子」とあり,糟が菓子の代わりとして食べられていた[14]).江戸末期の

表2.1 みりん仕込み配合

製造場	年代	もち米	麹米	焼酎	麹歩合(%)	焼酎歩合(%)
大坂天満粉川屋	(1663頃)	9斗	4斗5升	1石	33	74
童蒙酒造記	(1677)	2/3石	1/3石	1石	33	100
本朝食鑑	(1695)	3合	2合	1斗	40	2000
和漢三才図会	(1713)	3升	2升	1斗	40	200
日本山海名産図会	(1799)	9石2斗	2石8斗	10石	23	83
万金産業袋	(1801)	1石	2斗	1石2斗	17	83
深田家文書	(1801)	1斗	3升5合	7升	26	52
信州佐久	(1860)	8石5斗	2石5斗	14石	23	127
西宮土産	(1860)	7升	3升	1斗	30	100
愛知	(1893)	5石	2石	10石	28.6	143
愛知	(1916)	13.4石	2.6石	9.6石	15.5	60
千葉	(1926)a)	16.5石	4.95石	11石	30	51
千葉	(1926)b)	16.7石	4.8石	12石	22.3	56
愛知	(1930)	6.6石	1.8石	5.2石	20.2	62
千葉2段仕込c)	(1931)					
1段目		7.8石	2.7石	13石		
2段目		7.8石	2.7石	―	34.6	61.9
愛知	(1968)	2520kg	400kg	1780L	13.7	60.9

a)調味料用みりんの仕込み配合,b)飲用みりんの仕込み配合,c)昭和40年頃まで,生産数量の増大に,製造設備とくに蒸機の大型化が追い付かないためと,醪の櫂入れを楽にするためなどの理由で,仕込みを2〜3回に分けることが全国的に多く行われていた.

『守貞漫稿』に「美淋酒は多く摂（摂津）の伝法村にて醸之也,然れども京坂（京都・大阪）用之こと少なく,多くは江戸に漕（船で輸送）して諸食物醤油と加え煮る」とあり,調味料として利用されるようになった[15].

2.1.3 本 直 し（柳蔭）

大坂天満粉川屋の記録に,本直しは「焼酎一石に糯米五斗,糀二斗五升にて廿八,九日,三十日にて造り,酒出来て辛口に候えばもろみへも入れ申し,また夏酒に用い候えばなおよく御座候」とあり,みりんと同じように酒の甘辛の調節にも使われていた[9].
『本朝食鑑』では,美淋酒は「以焼酎造之其法先用糯米…三七日而成,以其未成者俗称本直,成酒後称美淋」[16],『倭訓栞』に「み

表2.2　本直し仕込み配合

製造場	年代	もち米	麹米	焼酎	麹歩合(%)	焼酎歩合(%)
大坂天満粉川屋	(1663頃)	5斗	2斗5升	1石	33	133
童蒙酒造記	(1677)	2斗	1斗	1石	33.3	333
本朝食鑑	(1695)	3合	2合	1斗	40	2 000
日本山海名産図会	(1779)	2斗8升	1石2斗	10石	81	676
深田家文書	(1801)	1斗	3升5合	8升	26	59
深田家文書	(1801)	6斗	3斗6升	1石	38	104
酒造秘伝書会津	(1841)	5斗	3斗	1石	38	125
酒造秘伝書会津	(1841)	3斗	2斗	1石	40	200
酒造秘伝書会津	(1841)	6斗	2斗5升	1石	29	118
守貞漫稿	(1837-67)	みりん1：焼酎1				
紀州湯浅篠屋	(1848)	みりん1：焼酎1				
愛知	(1916)	5斗6升	2斗	1石	26	131.5
千葉	(1926)	15石	4.5石	15石	29	77
愛知	(1968)	みりん5L：焼酎13L				

りん酒　美淋酒とかけり　焼酎もて造る，そのいまだならざるものを本直しとする」[17]とあるように，みりん製造途中のものを本直しと称していた．

江戸時代初期にはまだ庶民にとって普通の飲料となっていなかった本直しも，江戸中期以後は，『飲食狂歌合』に，「直し酒今宵あうしらせにいろもなおし酒ひいるまでをまつぞひさしき」[18]，『富本節』に「親の心を本直し末は夫婦と…」[19]などと歌われるほど甘い酒として，みりんとともに庶民の生活の中に根をおろすようになった．『守貞漫稿』に「京坂夏月には夏銘酒柳蔭と言を専用す．江戸本直しと号し美淋と焼酎を大略半し之に合わせ用ふ，本直し，やなぎかげとも冷酒にて飲むなり」とある[15]．このように江戸末期には面倒な本直し醪を造る製造法が簡略化され，みりんと焼酎を加えるだけという現代風な製造法になっており，冷酒で飲用されるようになっていた．

2.1.4　みりんの発生と伝来

中国の蜜酒，蜜沉沉という酒類は，日本のみりんの祖型と考えられる甘い酒である．もち米を用いて製造した醪の前段に，大量の白酒（焼酎）を加えて発酵を止め，封をして，長期間（数か月～数年）貯蔵することにより，糖分の増加を図る製法をとっていた[20]．この甘い酒は，現在も全く同じ製法で中国江南地方で造られている．九江封缸酒は唐代（618-907）から始まったとされ，江南丹陌の封缸酒は北魏（386-534）に始まったとしている[20]（蜜酒，蜜沉沉は蜜のように甘いということから付けられた名称であ

表2.3 中国福建省沉缸酒および琉球白酎仕込み配合

中国福建沉缸酒

単位	もち米	葯曲	厦門白曲	紅曲	53度焼酎
公斤	40	0.185	0.065	2	34

注)公斤：500g，葯曲：薬草を混ぜた餅麹，白曲：精白した米糠で作った餅麹，紅曲：紅麹菌で作った麹．

(范剣雄編『黄酒生産基本知識』より)

琉球白酎

もち米	麹	焼 酎
1斗	1升	1斗5升

り，封缸酒は醪に白酒(バイチュウ)を加えて発酵を止め，封をする製法上から付けられた名称である)．この甘い酒を造る技法が中国から琉球に伝来し，そこで，焼酎を醪の前段ではなく，仕込み当初に添加する方法に改善され，日本のみりんの製法が確立された[3]．『琉球国史略』に，「八重山出者名蜜淋酒醇酒…此埋土中，経年取焼酒，味醇無比」とある[2]．最終産物が少し異なっているが，製法と名前は封缸酒，蜜酒と同じであり，中国の封缸酒，沉缸酒等が琉球に伝来していたことを示すものであると言える．

また，琉球には白酎(バイチュウ)という酒があり，麹（発芽大麦の粉5合と生もち米粉5合を蓼(タデ)の汁で団子にして6～7日培養したもの）1升，蒸もち米1斗と泡盛1斗5升を壺に入れ，60～70日熟成させて造られていた[21]．これは名前は異なっているが，まさにみりんの製法そのものである．白酎の改善された製法によるものがみりんとして戦国末期頃に大阪に伝来し[3,8]，江戸初期には，備後（広島県）鞆(とも)[22]，尾州（愛知県）大野[23]，尾州犬山，山城（京都府），新潟糸

魚川[9]などに広がっている．みりんが琉球から大阪に伝来したと同じ頃に，紀伊和歌山には忍冬酒（後述）が琉球から伝来している[24]．

　もち米と麹と焼酎を仕込み当初から加えるみりんの仕込み法は，醪の発酵を抑え，糖分を増加させるばかりでなく，高いアルコール分によって醪の腐敗を完全に防止することができる安全確実な甘い酒の醸造法であることが確認され，それまであった各種の酒類（練酒，白酒，霰酒，霙酒，屠蘇酒など）を酒型製造法からみりん型製造法に転換させることとなった．これらの酒の製造法の転換が行われたのは，江戸末期であった．このことは，みりんと本直しは江戸初期から焼酎を使用して製造されており（表2.1，表2.2），練酒，白酒，霰酒，霙酒，屠蘇酒などは江戸時代には酒型の製造をしており，江戸後期から明治にかけて焼酎を使用するようになっていること（表2.4）からも確認できる．

2.1.5 練　　　酒

　京都東福寺の僧の日記『碧山日録』に「応仁二年（1468）豊後州香酒をだす，練貫酒と名付く，その性濃醇，万里数旬（数十日）の間を歴といえどもその味不変」[25]と記され，『三愛記』にも「酒はもろこし南蛮の味を試み，九州のねりぬき，…を求め」とあり[26]，『筑前国続風土記』に「博多練酒その色練絹のごと成故に練酒と称す，そのしぼりてこしたるを練酒と言，糟共に用いるを実練酒と言，この酒何時の世かもし始めしと言う事をしらず」とある[27]．江戸時代の酒造書『童蒙酒造記』（1686）に練

表2.4 練酒, 白酒仕込み配合

	製造場	年代	もち米	麹米	酒	焼酎	麹歩合(%)	酒歩合(%)
練酒	童蒙酒造記	(1690)	1斗		1斗			100
練酒	奈良屋	(1690)	6升5合	1升5合	1斗		18.8	125
練酒	広益秘事大全	(1690)	1斗		1斗			100
練酒	万金産業袋	(1801)	5斗, 上白米5斗	1斗		1石	9	91 (焼酎)
練酒	広島鞆	(1915)	1石5斗	4斗5升		1石2升	23	52 (焼酎)
練酒	博多	(昭和)	1石2斗	2斗5升	1石		17.2	69
白酒	くきや 次郎エ門	(1663頃)	3升		1斗			333
白酒	童蒙酒造記	(1690)	1斗		2斗			200
白酒	童蒙酒造記	(1690)	6升5合	1升5合	1斗		18.8	125
白酒	和漢三才図会	(1713)	7升		1斗			145
白酒	和漢三才図会	(1713)	3升		1斗			333
白酒	米沢白酒酒造啓開書	(1841)	6斗	4斗	1石		40	100
白酒	愛知	(1893)	9升	3升5合	1斗		28	80
白酒	東京	(1915)	3石		みりん2石5斗			
白酒	熊本球磨	(1915)	1石	5斗		1石5斗		100 (焼酎)
白酒	愛知	(1916)	1石4斗	4斗		1石	22	55 (焼酎)
白酒	千葉	(1930)	2石		みりん1石7斗5升			
白酒	千葉	(1930)	1石4斗	4斗		1石	22	56 (焼酎)
白酒	豊島屋	(1962)	1石8斗	みりん1石4斗7升7合	1斗			

酒は「餅米一斗上白食に蒸し,地酒一斗入搔合せ桶に入れ,日数を経て出物なり」とあり[28],『広益秘事大全』にも「上諸白一斗と餅米一斗よくむして…壺に入れ,よく封じ置,七日目に石臼にて挽き又七日やすめておけば風味よろし」とあり[29],江戸時代の練酒の大半は酒にもち米を入れて製造されていた.『万金産業袋』(1800)では,「糯米と麹と焼酎で造り,磨にてひいて絹ぶるいをかけてつくる」とあり,ここで初めて焼酎が使用されることが出てくる[30].しかし,博多の練酒は昭和になっても焼酎でなく,酒を利用していた[31].

2.1.6 白　　　酒

『貞丈雑記』に「白酒と言ふ事,條々聞書に,公方様にては,正月五ケ日,その外節朔には,片口のお銚子白し,お酒も白酒也,餅米にて造るなり,…大嘗祭と言う御神事あり,其の時に神に白酒,黒酒とて二品の神酒を奉り給う,白酒は常のすみ酒なり,右の白酒は是の事とは違ふ也」とあり[32],公儀の節句祝儀食は,古くから草餅か炒豆と桃花酒か白酒が供されていた.しかし,庶民に普及したのはやや遅く,天明の頃からであり,この頃から白酒は三月の雛の節句に女性,子供の飲む酒として定着するようになった[33].山川白酒[34],富士の白酒が有名であるが[35],江戸の鎌倉町豊島屋の白酒は特に有名で,『千とせの門』に「二月十八日より十九日の朝までに鎌倉町なる豊島屋が店にて白酒千四百樽うりしと聞いて申し遣わしける」と記される[36]ほどであった.江戸初期までは,白酒は蒸もち米を酒に入れ,数日間仕込み,石

臼で挽いて造られていた．しかし，江戸末期の『米沢白酒文書』には，もち米だけでなく，麹も加える方法が記されている[37]．

『童蒙酒造記』にも述べられているように，白酒は製法が練酒と同じで，酒の使用量が異なる，濃い薄いの違いだけの同種の酒であった[28]と言える．白酒は明治中期でも酒ともち米で製造されており，明治末から大正になって，焼酎を使用するようになった（表2.4）．

2.1.7 保命酒，忍冬酒

江戸時代には，保命酒（ほめいしゅ）や忍冬酒が備後鞆，尾州大野，犬山，紀伊和歌山などの銘酒として種々の書物に表れてくる[13-15, 18, 38, 39]．これらは製造当初からみりん型の甘い薬酒であった．尾州大野木下家の保命酒は「上々吉美淋一斗，忍冬酒三升を合わせ造る．忍冬酒　上々焼酎一斗，いばらの花一斗，忍冬花（スイカズラの花）一斗，右二色の花せうちう（焼酎）に入れひたし，七日過薬はすてよくこし，せうちう一斗三升，上白餅米□（量記載なし），白花麹七升各ひとつにしてふたをいたし，毎月十五日かいをいれ美淋酒のごとく造り上げる酒なり」と記載されている[23]．『本朝食鑑』では金銀花（忍冬花），茨花（ノイバラの花），米麹，焼酎を入れているが[16]，『童蒙酒造記』では，金銀花，氷砂糖，丁子（ちょうじ），紅花，桂枝（けいし），人参と焼酎，美淋酒を用いて製造している[28]．これらの酒は最初からみりん型の焼酎を利用する製法をとっているが，琉球からみりんと一緒に伝来したためであると考えられる（表2.5）．

表2.5 保命酒, 忍冬酒の仕込み配合

製造場	年代	もち米	麹米	焼酎	薬味*
保命酒					
木下家	(1696)a)	みりん1斗　忍冬酒3升			
万金産業袋	(1801)	白米1石	2升	1石3斗	地黄,山薬,茯苓,肉桂,黒豆
手造酒法	(1813)	氷砂糖　半斤		1升	(地黄,丁子,白述,肉桂,氷砂糖1斤,生酒1升)
備後鞆	(1931)b)	4石	1石	5.5石	地黄,山薬,山黄,杜園皮,茯苓,沢瀉,桂皮
忍冬酒					
たて川原町	(1663頃)c)	1斗 (ひわん酒)		2斗	忍冬,みつ,肉桂,丁子,氷砂糖
ひわん酒**	(1663頃)c)	4升	4升	1斗	
童蒙酒造記	(1677)	みりん1升　氷砂糖78匁		1升	金銀花,丁子,紅花,桂皮
木下家	(1696)a)	みりん3升		1升	金銀花,丁子,交趾
木下家	(1696)a)	1斗	7升	1斗3升	(いばら花1斗,忍冬花1斗,焼酎1斗)
紀伊湯浅篠屋	(1801)d)	3斗	1斗5升	1石	白シュツ,肉桂,カウフシ,ブクリョウ,カウカ,ケイカイ,丁子,白タン,ワウキ,忍冬の白花
手造酒法	(1813)	5升	1升	1斗	忍冬花

a)『大野町誌』, b)高橋貞造『農産製造学』, c)『小林家文書』, d)松本武一郎「醸協」71巻.
* 原文のまま記載した. ** ひわん酒は, たて川原町忍冬酒の製造原料.

2.1.8 南蛮酒

江戸時代には南蛮酒(なんばんざけ)と称される酒が盛んに造られていた（表2.6).『小林家文書』に,「餅米一斗, 糀七升, 焼酎二斗にて造る」とあり[9],『万金産業袋』にも詳しく製法が記載されている[30]. 原料, 製法ともにみりん, 本直しと同じであるのに, これらの文書, 各種の書物では, 南蛮酒とみりんは別のものとして記載されている. しかし, 明治時代になると両者は同じものであるという

表2.6 南蛮酒仕込み配合

製造場　年代	もち米	麹米	焼酎	麹歩合(%)	焼酎歩合(%)
高野山無量堂 (1663頃)	6升	6升	3斗	50	250
京都白酒相伝 (1663頃)	1斗	7升	2斗	41	118
伊丹満願寺　(1756)(薬酒)	6升	3斗6升	1石	85	104
万金産業袋　(1801)	1石	2斗	1石	2	98
山本家酒造　(1812)	7升	3升	2斗5升	30	250
山本家酒造　(1812)(薬酒)	6升	3升	2斗	33	222
紀州湯浅篠屋 (1848)(薬酒)	砂糖1斤　糟10貫メまたは酒1斗または焼酎1斗				

ことがわかり，南蛮酒という名前は消えて，みりんという名称のみが残った[40,41]．

2.1.9 霙酒，霰酒

これらの酒は南都の美酒としてその名の高かった奈良の名産酒であった．その製法をみると，『手造手法』に「干し飯あらあらとしたるを煎り水にてもみ，にごり汁を捨てよくかし（水につけてふやかす），よき酒にいれおくなり」とあり[42]，酒の一種である．『江戸町中食物重宝記』でも，「あられ酒」は極辛口酒の中に入っている[43]．しかし，博多にて練酒型の甘霙酒が製造され，評価を得た[27]のに続き，焼酎を使用するみりん型に代わり，現在に至っている[40]．みりん型になることによって，甘く飲みやすくなるとともに，米粒が浮きやすくなり，霰，霙のように見えるようになった点が好評であったためと推定される．

参考文献
1) 駒井重勝：駒井日記 (1593-95)

2) 石橋四郎編：琉球国史略，酒文献類聚，p.98，酉文社（1936）
3) 山下　勝：醸協，**88**，599（1993）
4) 神谷宗湛筆記（茶日記）（1586-92）
5) 栗原柳菴：柳菴雑事（1854-68）
6) 小瀬甫庵：太閤記（1661）
7) 松永貞徳：貞徳文集（1649）
8) 川上七郎右衛門：醸学，**4**，70（1926）
9) 小林家文書（1663-69），新潟県酒造史，p.10，新潟県酒造組合（1961）
10) 勘定奉行触書「酒屋以外の美淋酒製造禁止（1864）」，一宮市誌，資料編8，p.831（1965）
11) 呉陵軒可有編：誹風柳多留（1765）
12) 朱楽菅江編：川傍柳（1780-83）
13) 武玉川，第六編（宝暦間）
14) 寺島良安：和漢三才図会（1712）
15) 喜田川守貞：守貞漫稿（1837-67）
16) 平野必大：本朝食鑑（1685）
17) 谷川士清：倭訓栞（1777-1887）
18) 石川雅望：飲食狂歌合（1815）
19) 富本節：安永，天明（1772-89）の頃全盛を極めた浄瑠璃節の一派
20) 曽　纵野：中国名酒誌，中国旅游出版（1980）
21) 河合欣三朗：醸協，**10**（2），65（1915）
22) 岡本憲良：醸協，**71**，352（1976）
23) 佐野重造編：大野町史，大野町役場（1929）
24) 松本武一郎：醸協，**71**，454（1976）
25) 僧正易：碧山日録（1468）
26) 牡丹花肖柏：三愛記（1516）
27) 貝原益軒：筑前国続風土記（1709）
28) 摂津国鴻池郷の酒造家：童蒙酒造記（1686）
29) 三松館主人：広益秘事大全

30) 三宅也来：万金産業袋，巻六，醸造（1800）
31) 加藤百一：醸協，**71**，242（1976）
32) 伊勢貞丈：貞丈雑記（1843）
33) 加藤百一：醸協，**57**，1023，1087（1962）；**58**，153，374，539，716（1963）
34) 黒川道祐：雍州府誌（1684）
35) 会田秀真：雑言俗語（1779）
36) 太田南畝：千とせの門（1847）
37) 米沢白酒酒造様聞書，p.160（1968）
38) 岡田　啓，野口道直撰：尾張名所図会（1844）
39) 紀伊国名所図会（1811）
40) 山下　勝：醸協，**69**，208，360（1974）
41) 山下　勝：味りん，日本の酒の歴史，p.563，協和醗酵工業株式会社（1977）
42) 重田　貢（十返舎一九）：手造酒法（1813）
43) 江戸町中食物重宝記（1787）

（山下　勝）

2.2 みりんと食文化

2.2.1 みりんの料理への利用の意義

　日本料理の味の形成は，発酵，醸造によって得られたそれぞれ独特の風味を有する調味料によるところが大きい．なかでもみりんは，日本独自の料理文化を成立・発展させるうえで大切な役割を果たしてきた．

　みりんはもち米，米麹（こめこうじ），焼酎またはアルコールを原料として醸造され，糖分とアルコールを主体とするアルコール含有甘味調味料である．その最大の特徴は糖分45%の甘味にあることはいうま

表2.7 『江戸時代料理本集成』料理本別みりんの出現数

	料　理　本	使用版発行年	みりん数	みりん出現率	みりんと食材種類	みりんと食材数	料理総数
1	料理物語	1643-47					896
2	料理献立集	1672					745
3	古今料理集	1674					2 994
4	料理切形秘伝抄	1659, 84					586
5	合類日用料理抄	1689	1	0.2	1	1	473
6	茶湯献立指南	1696					581
7	和漢精進料理抄	1697					493
8	当流節用料理大全	1714					964
9	料理綱目調味抄	1730	1	0.3	1	1	389
10	歌仙の組糸	1748					657
11	料理山海郷	1750	1	0.4	1	1	236
12	当流料理献立抄	1751-73	1	0.3	1	1	294
13	献立筌	1760	1	1.3	1	1	80
14	八遷卓燕式記	1761					64
15	料理珍味集	1764	1	0.4	1	1	230
16	卓袱会席趣向帳	1771	1	0.2	1	1	645
17	普茶料理抄	1772					568
18	料理分類伊呂波庖丁	1773	2	0.2	7	7	873
19	新撰献立部類集	1776	1	0.1	1	1	1 503
20	豆腐百珍	1782-83	1	1.0	2	2	100
21	豆華集	1782, 84					41
22	豆腐百珍続編	1783					138
23	卓子式	1784					110
24	会席料理帳	1784					486
25	万宝料理秘密箱	1785, 95	10	4.2	25	30	236
26	万宝料理献立集	1785	2	1.1	1	2	174
27	諸国名産大根料理秘伝抄	1785					43
28	大根一式料理秘密箱	1785	1	2.0	1	1	50
29	新薯料理柚珍秘密箱	1785	1	2.3	1	1	44
30	鯛百珍料理秘密箱	1785					97
31	甘藷百珍	1789					123
32	海鰻百珍	1795					114
33	料理早指南	1801-22	16	1.0	15	16	1 605
34	名飯部類	1802					77

	料理本	使用版発行年	みりん数	みりん出現率	みりんと食材種類	みりんと食材数	料理総数
35	新撰庖丁梯	1803					755
36	素人庖丁	1803-20	20	1.4	25	40	1 461
37	料理簡便集	1806					292
38	会席料理細工庖丁	1806					1 402
39	当世料理筌	1804-17					800
40	臨時客応接	1830					64
41	精進献立集	1819-24	2	0.1	2	2	1 471
42	料理通	1822-35	38	2.9	55	81	1 306
43	鯨肉調味方	1832					119
44	都鄙安逸伝	1833					35
45	魚類精進早見献立帳	1834	1	0.1	1	1	890
46	料理調菜四季献立集	1836	7	2.0	7	7	357
47	四季献立会席料理秘嚢抄	1842, 63	9	1.5	12	12	609
48	蒟蒻百珍	1846	1	1.2	2	2	82
49	年中番菜録	1849					215
50	新編異国料理	1861					35
			119		120	212	22 603

でもなく,14%のアルコール,多種類のアミノ酸やペプチド,有機酸,および香気成分を含んでいる[1,2].その調理効果は上品な甘味の付与,消臭効果,てり・つや,焼き色を付ける,煮崩れ防止,防腐効果などで,調理への利用は多面にわたっている[3].また,アルコール度は酒に匹敵し,奈良時代以来,厨酒として料理へ利用されてきた酒の歴史が,みりんの料理への利用を容易にしたと考えられる[4].

みりんが調味料として料理へ使われ始めたのは,日本料理の完成期といわれている江戸期である.江戸期は町人文化の隆盛とともに料理本が数多く発行され,文化文政をピークに刊行年の明らかなものだけでも182冊に及んでおり,江戸期260年余の間にお

けるみりんの料理への使われ方は,料理本によって把握できる(表2.7).そこで,吉井始子監修『江戸時代料理本集成』[5]（和装複製本）（以下『複製本』とする）に収録された料理本50種115冊を検索し,みりんの出現と料理への利用について考察した.なお,吉井始子編『翻刻江戸時代料理本集成』を参照した[6].その中で,みりんの記載は22冊,119か所であった.

2.2.2 みりんは飲用から始まった

室町後期の戦国時代には,酒造業も活性化し,市場は拡大した.そして酒の種類も多様化し,その中に糖化を主力においたみりんが出現したのである[7].みりんは甘い珍酒として,公家,武家,寺院など上層階級の間での贈答品となり,愛飲された[8].江戸期にはいってから一般階層の飲み物になり,『複製本』にも3か所に出現する.

（1）『料理綱目調味抄』（享保15年,1730）

「食門正字大略並びに俗字」に醴,焼酎,味淋」とあり,酒の種類の1つであった.

（2）『献立筌』（宝暦10年,1760）

この書には「時候や客によって料理をかえる献立の物好きの便りである」とあり,「年わすれ」の献立として能番組献立,浄瑠璃会の献立など遊びの要素が入っている.「煮売物一式二汁五菜」の献立の中に「初献甘酒　湯次にて　二献目みりん　かんなべにて　三献目白さけ　壺にて杓つけて」とあり,甘い酒が並ぶ.

（3）『新著料理柚珍秘密箱』（1785）

「柚薬酒(ゆくすりざけ)」は焼酎と美淋酎を5合ずつ入れて1升にし，大柚（大きいユズ）を10個入れて1年置き，肉桂(にっけい)，ウイキョウを粉にして入れている．その薬効は婦人のさしこみや冷え性に良いとある．女性用の酒となる第1歩であるといえよう．

(4) 食用本草書から見たみりんの薬用としての利用

中国では食物と健康の相関を重んじ，医薬同源といわれる．中国明代(みんだい)の李時珍(りじちん)の『本草綱目(ほんぞうこうもく)』を範として，日本でも数多くの食用本草書が刊行されたが，そのうちみりんの記載のあったものは10冊であった[8-17]．そこで薬効の記述例として『食物和歌本草増補』をあげる[8]．

実淋酎　酎はふたたびつくる酒の名也．みりんちうハ二度づくりの酒也．

みりんちう甘からく熱　虫　積　衆ときどき用ひ心痛を治す．
みりんちう寸白(すばく)（寄生虫症）あらば朝夕に少しづつのみむし（寄生虫）をきやする（消す）．

みりんちう気力や五蔵虚に薬，胃の府をひらき食を進る．

食用本草書に記された効能を見ると，みりん酒は甘く，熱い食べ物である（民間医学は熱いと冷たいという対立概念を基礎として食物を分けている）．腰腎を暖め，気力を回復させ，脾・胃・腸などの臓器によく，寄生虫を殺す．多飲しなければ，健康に良い飲料であるとしている．みりん酒には他に薬酒として保命酒，忍冬酒，屠蘇酒などがある[18]．

(5) 江戸川柳に見るみりんの飲用

江戸時代のみりんの飲み方を川柳[19]から見ると，高価な高級

酒として上層階級で飲用されていたみりんが，庶民の暮らしの中にとけこんだ酒になった様子がうかがえる．

　　味淋酒も茶碗で飲めばすごくみへ

　　ほめぬこと嫁味淋酒がきらい也

　　味淋酒が効いたで嫁は琴を出し

甘く口あたりのよいみりんはアルコール度も酒に匹敵し，下戸や女性の楽しみの酒だったようである．

2.2.3　料理への利用における時代区分とその背景

『複製本』中，みりんは22冊，119の料理（飲用も含む）にその記述があったが，当時調味料は料理本に書かれていない場合も多く，実際のみりん利用数はおそらくもっと多かったと推測される．みりんの料理への利用の特徴を，時代背景をも考慮し把握しやすいように5期に分けて変遷をたどってみる（表2.8）．

（1）『料理物語』（1643）から『古今料理集』（1674）まで（第1期）

江戸幕府開設（慶長8年，1603）間もない頃は，料理本も庖丁流派の教義的なものや，朝廷や公家・武家の儀礼に関するものが多く，中世的慣習から抜け出せなかった．その40年後の寛永20年（1643）に刊行された『料理物語』は，「庖丁きりかたの式法によらず（中略）いにしへより聞きつたえし事けふまで人の物かたりをとむる」といった姿勢で，従来の料理本との相違点を強調している．内容も一般に広く行われていた料理について調理法まで記し，しかも料理に関する最初の出版物という特色をもつ[25, 26]．

表2.8 『江戸時代料理本集成』に見る

発行年順番号 料理本名	調理法	煮物						
		和旨煮	炒煮	甘煮	煮びたし	揚煮	あんかけ・葛煮	佃煮	煮物一般
第1期 料理物語他									
1689	5 合類日用料理抄								
	9 料理綱目調味抄								
	11 料理山海郷								
	12 当流料理献立抄								
第2期	13 献立筌								
	15 料理珍味集								
	16 卓袱会席趣向帳								
	18 料理分類伊呂波庖丁								
	19 新撰献立部類集								
1782	20 豆腐百珍								
	25 万宝料理秘密箱	●							
第3期	26 万宝料理献立集								
	28 大根一式料理秘密箱								
	29 新薯料理柚珍秘密箱								
1801	33 料理早指南	●		●	●		●●	●●	●●
第4期	36 素人庖丁	●		●●			●●●		●●●●●●●
	41 精進献立集								
1822	42 料理通	●●	●●	●●●	●	●●	●	●●	●●
第5期	45 魚類精進早見献立集								
	46 料理調菜四季献立集			●●					
	47 四季献立会席料理秘囊抄								●
	48 蒟蒻百珍		●						

2.2 みりんと食文化

「みりん」を使用した料理の種類（調理法別）

蒸し物		焼き物	和え物	漬物		調味料				菓子	飲用
蒸し物	しんじょ	焼き物	和え物	みりん漬	みりんかけ	調味酒	調味味噌	調味酢	ひしほ（醤）	菓子	他
									●		●
								●			
						●					
											●
							●				
							●				
					●●						
											みりん干
							●				
●●●	●●●			●			●●				
●●											
			●								
											●
						●●				●●●	
		●●●	●●								
						●				●	
●●	●●	●●	●	●●●●●●	●					●●●	
		●									
●		●								●●	
		●			●●			●	●	●●●	

第1期にはみりんの記載は見あたらない．当時の調味料は主として塩，味噌（生垂・垂味噌）と酢，煎酒（酒に醤油，かつお節，煎り塩などを加えて煮詰めたもの）であった．

(2) 『合類日用料理抄』(1689) から『新撰献立部類集』(1776) まで（第2期）

元禄時代になると中世的残滓が完全に払拭されて，近代的な文化が開花する時代である．第1期にあった武家式庖丁作法の本が見られなくなり，調理法や献立に主眼をおいた料理本が主流になってくる．庖丁文化の主体が，武家社会から町人社会へと移行する過渡期であったとみられる[20,21]．

① 『合類日用料理抄』(1689) に，『翻刻本』中，初めて鳥醬に味淋酎が使用される．鳥醬の仕様には2種あり，1つはウズラやヒバリを塩漬けにし細かくたたいて麹を入れ，そのあと味淋酒を入れた肉醬である．もう1つは古酒で練って10日置くとある[27]．味淋酒が古酒の代わりに使われるほど甘味があり，味が似ていたからと考えられる．また『料理早指南』(1801-22) にも，煎酒，早煎酒に古酒の代わりにみりんを使ってもよいとある．これらから，みりんの料理への利用は古酒との交代であったと推測される．

② 『料理山海郷』には味淋酢，『当流料理献立抄』には「はやいりさけ」，『料理珍味抄』には精進雲丹に使われ，この頃は醬，調味酢，調味酒などが調味料として使われている．

③ 『調理綱目調味抄』『献立筌』のみりんは飲用酒である（前述）．『新撰献立部類集』の「精進取ざかなの部」のみりん干は，

その前後に「氷こんにゃく，あげふ，みりん干」とあり，精進物と類推できるが食材は不明である．

（3）『豆腐百珍』（1782）から『新著料理柚珍秘密箱』（1785）まで（第3期）

第3期は3年の短期間であるが，この間に5冊にみりんが出現しており，みりん出現本数の22.7%にあたる．なかでも『万宝料理秘密箱』はみりんの調理効果を上手に利用し，以後のみりんの調味料としての地位を築いたとみてよい．

① みりんの料理への本格的な利用の始まりは『豆腐百珍』(1782-83) の「でんがく」であろう．「麹，みりん酒，醤油三品当分に合わせ」とあり，みりんと醤油の組み合わせによる調味法が記されている[33]．ただし，『料理塩梅集』[22]（1690）加賀文庫本に，みりんと醤油を使ったうなぎ焼きがある．

② 『万宝料理秘密箱』では，みりんが蒸し物と煮物に初めて使われる．本書の目録題に「卵百珍」とあり，103項目の鶏卵料理が主な内容である．古来からの料理本に記されていない料理の秘伝と当流（流行）の作り方とが詳細に述べられている．蒸し物は唐秕卵，卵豆腐，黄金豆腐，貝類のしんじょなど．煮物では赤貝和煮の仕方に「始めにみりん酒にてとろとろとたきのちに醤油と酒を少々」とある[35]．みりんのアルコールによる食材のテクスチャーに及ぼす影響を巧みに利用している．

③ 『大根一式料理秘密箱』では「利休あへ大根仕方」で，白味噌にみりんを入れ，調味味噌として味覚の範囲を広げ，味の向上を図っている．

(4) 『料理早指南』(1801) から『精進献立集』(1819) まで
(第4期)

　寛政の改革により一時沈滞した江戸文化も，享和から文化文政にかけて再び隆盛となり，生活水準は向上し，生活様式も著しく変化した．まず飲食店と料理屋が急増し，外食の味が一般化することになった．また，料理本の刊行数も江戸時代の最高を記録し，いわゆる文化文政時代を形成する[20]．

　① 『料理早指南』は4編からなり，16か所にみりんの記述がある．初編では本膳，会席，精進について四季の献立，料理の仕方を記している．2編は重箱料理で「花船集」と題している．3編は「山家集」で凡例に「此巻にはただ塩物干魚るい以て鮮魚のなき時せつの用に備ふ」とあり，みりんは10か所に記され，塩干物に多く使用されているのが特徴である．当時の流通事情を推測すると，鮮魚が入手しにくい季節・地域では，塩干物の使用も多く，下ごしらえや調味という点で趣向をこらす必要があった．4編は「料理談合集」で『料理物語』を基にした補遺編である．

　ここで注目したいのは，みりんと白砂糖を使って「柚ねり」「葛きり」などの菓子が出現したことである．これは慶長15年(1610) に奄美大島で黒糖を生産，高松藩にサトウキビの栽培法が伝わり，砂糖の製造が始まったのが寛政7年(1795)，和製の砂糖を売り出したのが文化6年(1809) と記録があることから，当時国産の砂糖が出回るようになり，市中での砂糖・みりんの利用範囲が拡大されたことが菓子の出現を可能にしたと思われる[23]．

　② 『素人庖丁』は「この書は百姓家，町家の素人に通じ，日

用手りょうりのたよりとなるべきかと」とあるように，庶民に利用されることを考えて書かれ，20か所にみりんの記載がある．初編・2編にはみりんの記載はなく，3編のみに出現する．3編は2編の出版後約15年を経ており，この間に，庶民の日常的なみりんの利用が広がったのであろう．みりんが使用されたのはレンコン・ゴボウ・カシイモなど根菜類が多く，調理法は煮物が主であった．また，焼き物にもみりんが初めて使われるが，素材はカシイモ，レンコンなどの根菜類と豆腐であった．蝋焼豆腐の作り方に「三四へん付けてあぶると光出」とあり，みりんの「てり」が認識されていたと考えられる．

また，献立中に「四季混雑葛溜之部」があり葛煮，葛あん料理にみりんが出現する．葛とみりんの相性の良いことのなかで，甘味と同時に「つや」が出ることを知ったのであろう．このようにみりんを使った料理は次第に幅を広げ，次の『料理通』では全面的な料理の利用へと展開する．

(5) 『料理通』(1822-35) から『蒟蒻百珍』(1846) まで (第5期)

文化文政を象徴する料理本として特筆されるのは，当時江戸随一の料亭と評された江戸山谷の八百善の主人，栗山善四郎によって著された『料理通』である．八百善で出した料理について記したもので，初編には見返しに酒井抱一の筆でハマグリの絵が描かれ，亀田鵬斎が序文を寄せ，他にも谷文晁，太田南畝など著名人の協力によって瀟洒な本になっている．多くの文人，画家たちが寄り合う場所として八百善の果たした役割は大きかった．主人は

図2.1 『江戸時代料理本集成』
（和装複製本）『料理通』
初編 序

図2.2 『江戸時代料理本集成』
（和装複製本）『料理通』
四編 三十四

自らも食を楽しみ，趣向をこらして客をもてなしながら新しい時代の文化を肌で感じ，研鑽する姿勢を持ち続けて意欲的に料理本出版に取り組んだ．

みりんの記載は38か所と，対象とした料理本の中でも突出し，また，すべての調理法に使用されている点で画期的である．油料理はすでに江戸初期から南蛮料理や精進料理に由来する揚げる調理法として行われていた．しかし，この頃になると卓袱料理・普茶料理など唐料理（中国料理）

の影響を受けたと思われる油料理があらわれ，揚げ物をさらに煮た揚煮（あげに）や，炒煮（いりに）など油を使った煮物にみりんが使われるようになる．また，あんかけ料理にみりんが出現し，焼き物も「あいなめの片身おろし味淋醤油焼き」など生魚を素材にして，みりん，醤油を使った現在の照焼（てりやき）があらわれる．焼き物でも『素人庖丁』では根菜類や豆腐を素材にしていたことからみると，調理法の発達がうかがわれる．

また，みりんを「煮切る」調理操作の記述が出てくる．みりんを料理に使う場合，料理の内容によって入れる，使う，煮る，煮切るなどの方法がある．煮切りみりんは，煮立てたみりんに火を入れ，アルコール分を燃やし，アルコール以外のエキス分を目的とした場合に使われる．煮ただけでもアルコール分を除くことはできるが，煮切るとみりんの一部が熱せられて軽く焦げ，香りが良くなる[24]．『料理通』は完成までに13年を要しており，1編では「煮かえしてさまし」，2編に「煮きり味淋」，3編「煮きりて」とある．現在，調理効果の1つとして科学的に立証されている呈香味の向上の「煮切り」が記されていることによっても，江戸末期までにほぼ日本料理が完成に近づいていたことがわかる．

『五月雨草紙（さみだれぞうし）』は八百善の逸話として，はりはり漬の美味と高価を比類ないものと記し，その理由に尾州細根大根の選択と「辛味を生ぜしめざる為水に洗わず最初より味淋酒にて洗い候ゆえ高価に至れり」とみりんの使用をあげている[25]．『料理通』に出現したみりんは，値段を顧みない高級料亭の食味を支えた調味料であったといえよう．

このようにみりんは初め珍酒として飲用されたが，生産量の増加に伴い低廉化し，庶民にも手の届く飲み物となった．さらに元禄以後になると，上方を中心に味覚が発達し，調理法や食品とともに江戸に流れ込み，食味が変化していった．その中核になるのが，みりん・醤油・かつお節である．

表2.9～2.12に，みりんが多出する『万宝料理秘密箱』(表2.9)，『料理早指南』(表2.10)，『素人庖丁』(表2.11)，『料理通』(表2.12)，表2.13にはそれらを含めた書物の「みりんを使った料理」の一覧を示した．

2.2.4 調理法別みりんを使った料理

図2.3は，みりんを使用した119の料理を調理法別に集計したものである[1,2]．煮物が51％と約半数を占め，食材の種類とみりんの調理効果とが関連付けられる(後述)．次に調味料であるが，調理法の多様化に伴う複雑な味への追求としての役割をみりんが果たしていた．日本料理を集大成した江戸時代の調理文化の中における，みりんの料理への関与のありかたをうかがうことができる．

2.2.5 みりんが使用された食材について
(1) みりんが使用された食材の特徴

みりんが使われた食材を植物性と動物性に分けると，植物性の食材69.2％，動物性食材30.8％で植物性食材への使用が多かった．仏教の殺生禁止思想に基づく肉食禁忌と，禅宗の影響によって精進料理が発達したために植物性食材に偏っており，この傾向は

表2.9 『万宝料理秘密箱』におけるみりんを使った料理

出現箇所	表記	料理名	材料	調理法	その他の調味料
前編 巻二卵の部	みりん酒	唐柤卵	唐きびの寒晒の粉 卵	蒸す	
巻三卵の部	美淋酒	卵豆腐	朧豆腐 卵	蒸す	
二編巻一 あえもの みその部	実りん酒	疑冬味噌	卵黄（魚田，小鯛，きすご，鳩，うずら，鴨，小鴨）	（蒸す）	白みそ 焼塩
〃	みりん酒	梅仁みそ	中梅干（茶わんものでんがく）		白みそ
二編巻二 諸魚之部	みりん酒	赤貝和煮	赤がい	煮る	醤油 酒
〃	美りん酒	鮑かまぼこ	鮑女貝	蒸す	白砂糖
〃	美淋酒	烏帽子貝 はんへい	烏帽子貝	蒸す	梅仁みそ わさびみそ 山椒みそ
二編巻三 魚類漬物諸部	美りん酒	阿蘭陀漬	塩鯖，いわし，蓮根，茄子，牛蒡，はじかみ，茗荷	漬ける	酢，塩，梅酢 つぶがらし
二編巻三 塩辛之部	美りん酒	金海鼠 はんへい	金海鼠，寒ざらし粉	蒸す	さとう，しょうゆ，わさび，しょうが
〃	みりん酒	黄金豆腐	おぼろ豆腐，卵，まんじゅうの粉	蒸す	

『素人庖丁』に顕著である．動物性食品のうち魚介類・鳥には使用されたが，獣肉類・鯨肉類にはなかった（表2.14）．『料理物語』にはシカ，タヌキ，クマなどの項目があり，また，みりんを使った「焼き羊もどき」などの「もどき」料理があることから，獣肉類が潜在的に好まれていた可能性はある．

表2.10 『料理早指南』におけるみりんを使った料理

出現箇所	みりん表記	料理名	材　料	調理法	その他の調味料
二編 精進こしらへやう	みりん酒	なすの唐煮	中なす (酒にて煮こぼす)	うま煮	醤油
三編 塩物魚調理之部	みりん酒	鉢肴	しほ鯛 (湯煮する)	煮びたし	塩気不足なら塩焼
干物魚類 調理之部	みりん酒	鉢肴	干鯛 (白水でふやかす)	煮る	焼塩
〃	みりん酒	丼　節煮	干鯛 (白水でふやかす)	煮る	醤油 かつおぶし
〃	みりん酒	小丼　でんぶ	干鯛	煮る	味噌豆, 鰹ぶし, 醤油
〃	みりん酒	小丼	干河豚てり皮	煮つける	醤油
〃	みりん酒	てりごめま	ごまめ	てり煮	醤油
〃	みりん酒	小丼物	串蚫 (水につけ置,湯煮)	煮る	花かつお, 醤油 (葛で煮とじるも良)
諸に貯やうの事 同塩づけ	みりん酒	伽羅蕗	水ぶき	煮る	醤油 粉とうがらし
拵へ方 仕やうの部	古みりん	蜜したし		煮る	醤油, 白ざとう
〃	みりん酒	じゅんさい さとう煮	じゅんさい	煮る	白ざとう, 塩焼
四編 名目葛の部	みりん	葛きり (のしたじ)	葛きり	煮る	さとう
料理酒の 加減の事	みりん酒	はやいり酒		煎じる	塩焼, たまり
〃	みりん酒	精進の いり酒		煮出す	梅ぼし
だしの事	みりんの酒か	だし (どぶなき時)		煮る	
雑の名目の部	みりん酒	柚ねり	柚の皮 柚の実	煮る 煮る	白さとう かげ (味噌のたまり)

2.2 みりんと食文化

表2.11 『素人庖丁』におけるみりんを使った料理

出現箇所	表記	料理名	材料	調理法	その他の調味料
三編 重引之部	みりん	みりん煮	堀川牛蒡・葛	煮る	
〃	みりん	みりん醤油煮付け	上くわゐ	煮る	醤油
〃	みりん	みりん煮	れんこん	煮る	味噌
〃	みりん	付け焼き	れんこん	付け焼き	醤油
〃	みりん	みりん煮	長いも、べにこしいも	煮る	白醤油
〃	みりん	味噌煮	蕗のとう	煮る	生姜味噌
〃	みりん	みりん醤油煮	さからふ	煮る	醤油
三編 精進酒菜拵様	美淋	太鼓煮	くわゐ	煮る	醤油
〃	みりん	葛煮	松茸,葛,柚しぼり汁	煮る	生醤油
〃	みりん	甘煮	ごぼう	煎り煮	醤油
〃	みりん	太煮	ごぼう,葛	煮る(葛煮)	醤油
〃	みりん	紅葛溜	ごぼう,葛	煮る(葛煮)	醤油,紅粉
〃	みりん	大銭煮	ごぼう,ゆば	煮る(柔らか煮)	醤油
〃	みりん	ごぼう海苔巻き	ごぼう,浅草のり	煮る	醤油,酢
〃	みりん	蝋焼豆腐	豆腐,葛,椎茸,かいわり	蝋焼き	醤油,酒
〃	みりん	御手洗焼き	かしいも	付け焼き	醤油,山椒粉
〃	みりん	甘煮	かしいも	煮る	醤油
〃	みりん	黒和え	柿,黒豆,白豆腐	煮る	白味噌
〃	みりん	甘煮	ちやうろき	煮る	醤油,胡椒粉
〃	みりん	黒酢膾	黒豆,大根,あげ,せり,椎茸,せうが,しらがねぎ,とうがらし	煮る	酢

表2.12 『料理通』におけるみりんを使った料理

出現箇所	表記	料理名	材料	調理法	その他の調味料
初編 極秘伝之部	みりん酒	しんじょの伝	鯛, きす, ひらめ, 鴨, あまだい, 卵白, 薯蕷, 鰹節	ゆでる	塩
〃	みりん酒	蛸やはらか煮の伝	蛸, 大根, 白豆	煮る	醤油
〃	味淋酒	蒲ほこの伝	鯛, 玉子の白み	—	塩
〃	味淋	うつろ豆腐の伝	生豆腐 菓子昆布	ゆがく 煮る	醤油
〃	味りん	ぎせい豆腐の伝	生のとうふ	ゆがく 炒める	胡麻油, 醤油
〃	味淋酒	てり煮柚の伝	柚, 氷おろし	ゆでる, 煮る	焼塩
〃	味淋酒	てり煮蜜柑の伝	蜜柑, 氷おろし	上に同じ	焼塩
〃	味淋酒	てり煮金柑の伝	金柑, 氷おろし	上に同じ	焼塩
〃	味淋	水晶昆布の伝	菓子こんぶ	茹でる, 煮る	焼塩
〃	味りん酒	煮山椒の伝	朝倉山椒	茹でる, 煮る	焼塩
〃	味淋酒	煮蕃椒の伝	蕃椒	空炒り, 水浸 まぜる	焼塩
弐編 四季硯蓋春之部 五色	味淋	いぼぜかたみおろし味淋づけ	いぼぜ	—	なし
四季鉢肴の部 春	みりん	鯖みりんづけ	さば	—	なし
〃 秋	味淋	比目魚味淋やき	比目魚, さん木, きみ	焼く	なし
〃 秋	みりん	塩みりんむし	糸より	むす	塩

出現箇所	表記	料理名	材料	調理法	その他の調味料
〃 冬	味淋	塩引鮭味淋漬	鮭	—	塩
四季椀盛之部 秋	みりん	鮭みりん漬	鮭	—	なし
四季焼物之部 春	味淋	鱒味淋漬	鱒	—	なし
四季香物之部 冬	味淋	かこひ醤干瓜味淋つけ	瓜	つけもの	なし
極秘伝之部	味淋	天門冬きぬた巻	白うり, 天門冬	つけもの	芥子, 塩
極秘伝之部	味淋	唐煮蜜柑	蜜柑	焼く, 煮る	

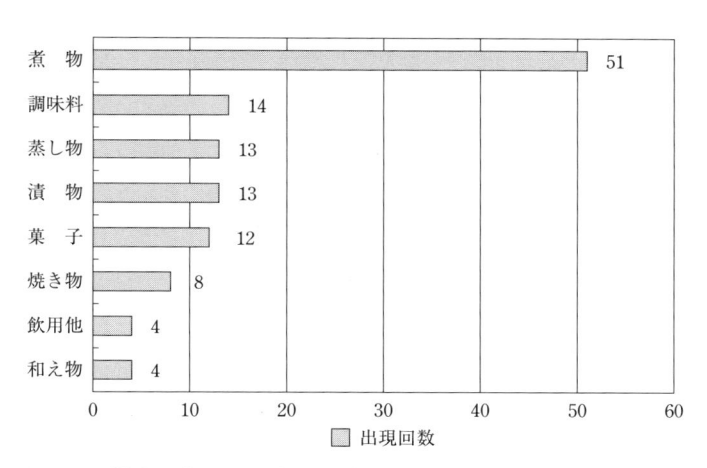

```
煮  物       51
調味料       14
蒸し物       13
漬  物       13
菓  子       12
焼き物        8
飲用他        4
和え物        4
```

図2.3 『複製本』に見る「みりん」を使用した料理の調理法別出現数

表2.13 みりん

		煮物				
		和煮・旨煮	炒 煮	甘 煮	煮びたし	揚 煮
5	合類日用料理抄 1689					
9	料理綱目調味抄 1750					
11	料理山海郷 1750					
12	当流料理献立抄 1751-73					
13	献立筌 1760					
15	料理珍味集 1764					
16	卓袱会席趣向帳 1771					
18	料理分類伊呂波包丁 1773					
19	新撰献立部類集 1776					
20	豆腐百珍 1782					
25	万宝料理秘密箱 1785, 1795	・赤貝和煮				
26	万宝料理献立集 1785					
28	大根一式料理秘密箱 1785					
29	新著料理柚珍秘密箱 1785					
33	料理早指南 1801-22	・なすの唐煮		・じゅんさいのさとう煮	・しほ鯛の鉢肴	
36	素人包丁 1803-20	・牛蒡太鼓煮		・牛蒡甘煮 ・かしいも甘煮 ・ちゃうろき甘煮		
41	精進献立集 1819					
42	料理通 1822-35	・蛸柔らか煮 ・焼羊もどき	・豚味噌転し写し ・生鴨胴中詰身 ・煎鰹	・琥珀胡桃 ・唐煮蜜柑 ・柚子の伝 ・蜜柑の伝 ・金柑の伝		・ぎせい豆腐の伝（油煮） ・巻蓮根揚げ煮 ・巻牛蒡 ・唐麺の味淋煮 ・飛竜丸煮（鰹大根）
45	魚類精進早見献立帳 1834					
46	料理調菜四季献立集 1836			・唐煮蜜柑 ・かんろふき		
47	四季献立会席料理秘嚢抄 1842					
48	蒟蒻百珍 1846		・ころいり			

2.2 みりんと食文化

を使用した料理

あんかけ葛煮	佃煮でんぶ	煮物一般	蒸し物	しんじょ	焼き物	和え物
			・唐粕卵 ・黄金豆腐 ・卵豆腐	・鮑かまぼこ ・烏帽子貝 ・金海鼠		
			・卵豆腐 ・卵豆腐			
						・利休あえ大根の仕方
・干鯛の鉢肴	・伽羅蕗	・干鯛の節煮 ・干鱈でんぶ ・てりごまめ				
・牛蒡太煮 ・松茸葛煮 ・牛蒡紅葛溜		・さがらふ ・太鼓煮 ・堀川牛蒡 ・上くわみみりん醤ゆの煮付 ・れんこんみそ煮 ・長いも白醤油みりん煮 ・蕗のたうみそ煮 ・ごぼう海苔巻			・かしいも御手洗焼 ・れんこんの付け焼 ・蝦焼豆腐	・黒和 ・黒酢膾
・大長いも白煮とも粉煎 ・道明寺うすねりかけ	・煮山椒 ・煮肴椒 ・水晶昆布の伝	・うつろ豆腐の伝 ・獅子煮	・糸より塩みりん蒸し ・比目魚蒸	・しんじょの伝 ・蒲ぽこの伝	・比目魚味淋焼 ・あいなめ片身おろし味淋醤油焼き	・牛肉もどき（煎海鼠・揚牛蒡白味噌和え）
			・はらみ蒸したい		・はもうにやき	
		・ふきのとうみりんたき			・べっこうふし	
					・わかさ小だいみりん酒焼き	

2章 みりんの歴史

表2.14 『江戸時代料理本集成』

1. 海魚	2. 川魚	3. 甲殻軟体**	4. 貝類	5. 魚介加工品	6. 鳥	7. 卵	8. 獣肉類	9. 鯨肉類	10. 穀類
鯛　　4	ます　2	たこ　2	赤貝	干鯛　　2	かも　3	卵　　7			寒晒粉2
ひらめ3	こい	なまこ	あわび	かつお節2	うずら2	卵白　2			唐きび
小鯛　2	うなぎ	うに	貝	塩さば	鴨	卵黄			まんじゅうの粉
きすこ2			蛤	生干はも	はと				米粉
いはし				塩鯛					道明寺粉
いぼせ				干タラ					
さば				干フグ					
糸より				ごまめ					
あいなめ				串あわび					
さけ				塩引鮭					
甘鯛				いりこ					
星鮫				はも皮					
				塩たら					
				いりかつお					
				魚田					
12(19)*	3(3)	3(4)	4(4)	15(17)	4(7)	3(10)	0	0	5(6)

＊前の数は食材の種類　（　）はみりん使用の食材総数　　＊＊ 3.の甲殻・軟体は食品成分表の魚介類

(2) 食材の分類

① 植物性食材の内容を見ると，野菜がもっとも多く，次いで果実・種実，大豆加工品，いも類，穀類，きのこの順である．野菜ではゴボウ，れんこん，トウガラシ，ダイコン，ナスの順に多

に見る「みりん」を使用した食材一覧

11.豆類	12.いも類	13.野菜	14.きのこ	15.海草	16.果物種実	17.大豆加工品	18.その他の加工品	19.その他	合計
黒豆　2	長いも　3	牛蒡　10	椎茸　3	岩たけ	くるみ　4	豆腐　7	葛　9	飲用　4	
白豆	かしいも2	れんこん　7	きくらげ	浅草のり	柚　3	生ゆば3	干瓢　3		
小豆	山のいも	大根　4	松茸		みかん3	白みそ2	梅干し　3		
	紅こしいも	唐辛子　5			黒ごま2	赤味噌	菓子昆布2		
		なすび　3			白ごま2	あげ	早煎り酒		
		ふき　2			柚の実	六条豆腐	みりん干		
		上くわゐ3			柚の皮		葛切り		
		蕗のとう2			金柑		だし（みりんの酒かす）		
		うり　2			ぎんなん		蜜したじ		
		ねぎ　2			梅		精進のいり酒		
		せうが　2			栗		さからふ		
		じゅんさい			柿		干し山椒		
		朝倉山椒					塩ひし喰い		
		わらび					長いもの粉		
		ぜんまい					天門冬		
		めうがのこ					こんにゃく		
		めうが					かんてん		
		かいわり					生麩		
		ちゃうろぎ							
		せり							
		はじかみ							
3(4)	4(7)	21(52)	3(5)	2(2)	12(21)	6(15)	18(31)	1(4)	119(211)

を魚と貝に分け、それに入らないもの（えび・たこ・いか・なまこ・うに他）である．

く，煮物にする食材である．

　野菜の第1位はゴボウ（牛蒡）である．ゴボウが料理の食材として発達したのは，正月祭事に供物として供えられたことによる．ゴボウの種子は「悪実（あくじつ）」，根茎は「牛菜，大力，夜叉頭」と呼ば

れ，栄養・強壮が大であることから長寿，老衰防止，延命が約束されるといわれていた．また，五穀豊穣に因んで「牛蒡（牛房）」は「牛の尾（房）」とも解することができ，おせち料理のたたき牛蒡，宮中節会（きゅうちゅうせちえ）の花びら餅に用いられている[26]．アジア原産だが，栽培，利用とも盛んなのは日本のみで，中国にも食用の習慣はなかった．

貝原益軒の『養生訓（ようじょうくん）』には「胃虚弱の人は蘿蔔（ダイコン），胡蘿蔔（ニンジン），芋（サトイモ），薯蕷（ヤマノイモ），牛蒡などうすく切てよく煮たる，食うべし」[27]とあり，根菜類が胃虚弱者に良いとすすめている．これらは食物繊維の多い素材であり，江戸期の栄養学的知識の一端を知ることができる．

根菜類は煮物にする場合が多く，みりん中のアルコールが煮崩れ防止に関与し，味の浸透を良くし，さらに糖分によって上品な甘味を付与することの認識があったと思われる．

② 果実・種実類ではクルミ，黒ゴマ，白ゴマ，ユズなどの菓子に白砂糖と一緒に使われている．

③ 動物性食材では海魚が最も多く，次いで魚介加工品，卵の順である．江戸では，江戸湾の漁業の発達によって海魚の漁獲量が増加し，タイ，カツオなどの新鮮な生魚が入手できた．海魚はタイ，ヒラメの順に多い．『守貞漫稿』には「京坂にては四時及び料理の精粗をえらばず専ら鯛を用ひ，他魚を用ふるを甚だ略とす．江戸は大礼の時は鯛を用ひ，平日之を用ふるを稀とす」[28]と記され，地域的な差はあっても，タイが第1位の魚であった．魚介加工品の中では，塩物，干物が多く，特に干鯛（ひだい）が目立つ．かつ

お節は当時から「だし」として使われ,花かつおとして上置き(うわお)にも使われた.

(3) みりんが多出する料理本における食材

みりんが多出する『万宝料理秘密箱』『料理早指南』『素人庖丁』『料理通』を見ると,その書かれた視点の相違により,食材の使われ方にそれぞれ特徴がある.『万宝料理秘密箱』ではカモ,卵,魚介類,野菜に使用しているが,食材の種類は少ない.「卵百珍」といわれるこの書のみりん使用料理は5で,酒使用は34である.『料理早指南』は干物が多く,干鯛・干鱈(ほしだら)・ごまめなど.干鱈(棒鱈)は今でも京名物の「いも棒」に使われている.『素人庖丁』では魚介類,鳥,卵など動物性食品は全く用いられず,いも類や野菜,とくに根菜類が多い.当時の庶民の食生活が野菜食であったことがわかる.タンパク質は大豆加工品の豆腐,ゆば,あげ(油揚げ)など植物性タンパク質で摂取しており,江戸期の庶民の栄養摂取状況を知る貴重な資料である.『料理通』は料亭料理であるため,獣肉と海草以外すべての食材を使用し,特に海魚,川魚などの魚介類や加工品が圧倒的に多く,客用献立の豪華さを誇っている[29](表2.15).

2.2.6 みりんと同時に使用した調味料

『万宝料理秘密箱』『料理早指南』『素人庖丁』『料理通』の4冊に共通して使われている調味料は醤油と味噌である(表2.16).醤油はその原型である醤が大陸から伝来したが,日本人の知恵と発想によってこの国独自の発酵調味料に発展した液体調味料であ

表2.15 みりん使用の食材（料理本別）

食品名 / 料理本	万宝料理秘密箱	料理早指南	素人庖丁	料理通
1 海魚	きすご			ひらめ・鯛・きす・いぼせ・さば・さけ・糸より・あいなめ・甘たい・星鮫
2 川魚				ます・こい
3 甲殻・軟体	なまこ			たこ
4 貝類	赤かい			蛤
5 魚介加工品	塩さば	干し鯛・干だら・ごまめ・塩鯛・干しふぐ		塩引鮭・いりかつお・煎りなまこ
6 鳥	かも			かも
7 卵	卵			卵黄・卵白
8 獣肉類				
9 鯨肉類				
10 穀類	寒晒粉			米粉・道明寺粉
11 豆類			黒豆	白豆
12 いも類			かしいも・長いも・紅こしいも	山のいも・長いも
13 野菜	れんこん・みょうがの子	なす・ふき・じゅんさい	ごぼう・上くわい・蕗のとう・ちやろき・大根・せり・せうが・とうがらし・かいわり・ねぎ	とうがらし・牛蒡・れんこん・大根・うり・わらび・ぜんまい・ねぎ・せうが・朝倉山椒
14 きのこ			椎茸・松茸	椎茸・きくらげ
15 海草			浅草のり	
16 果実・種実		柚・柚の皮・柚の実	柿・柚	みかん・白ごま・金柑・ぎんなん・くるみ・梅・柚
17 大豆加工品	生ゆば		豆腐・ゆば・あげ	豆腐・白胡麻・赤味噌
18 その他加工品		蜜したし・だしいり酒	葛・さからふ	葛・干瓢・菓子昆布・干山椒・生麩・長いもの粉・天門冬・かんてん

表2.16 みりんと同時に使われた調味料（料理本別）

料理本	調味料	種類
万宝料理秘密箱	白味噌, 焼塩, 醤油, 酒, 白砂糖, 梅仁みそ, わさびみそ, 山椒みそ, 酢, 梅酢, つぶがしら, しょうが, わさび, 塩	14
料理早指南	醤油, 焼塩, かつおぶし, 味噌豆, 白さとう, 塩, 粉とうがらし, たまり, 梅ぼし, かげ（味噌のたまり）	10
素人庖丁	醤油, 味噌, 白醤油, 生姜味噌, 生醤油, 紅粉, 酢, 酒, 山椒粉, 白味噌, 胡椒粉	11
料理通	醤油, 焼塩, 塩, 胡麻油, 油, かや油, 白味噌, 赤味噌, 酢, 赤味噌酢, 芥子	11

る．室町時代の書物に初めて醤油の名が見られ，下総（千葉県）野田で醤油の生産が始まった（1558）[30]．『料理物語』には「醤油の方」の記載はあるが料理に使用されていない．醤油がみりんと同時に使われた記載は今のところ『料理塩梅集』が最初である．みりんと醤油を同時に使った回数は『万宝料理秘密箱』2，『料理早指南』8，『素人庖丁』15，『料理通』12であった．一方，みりんと味噌の組み合わせは『万宝料理秘密箱』5，『料理早指南』1，『素人庖丁』3，『料理通』2で，みりんと醤油の方が相性が良かったと考えられ，両者によって時代経過とともに日本料理の味の基層が形成されていった．

　ごま油，かや油などが料理に使われるのは『料理通』である．「ぎせい豆腐の伝」に「炒める」とあり，「巻蓮根」「巻牛蒡」では「揚煮」にごま油が使われている．普茶・卓子料理にも「唐麩（豆腐） 油にて揚げ味淋煮」とあり，中国料理の影響が大きいよ

うである．

2.2.7　みりんが出現した『複製本』の利用率の地域比較

『複製本』の発刊地域は，京都50.0%，大阪22.7%，江戸22.5%，名古屋4.6%で京都が突出しており，京都が上方料理文化の中心的位置を占めていた．京・大阪を関西圏と考えると，実に72.2%に当たる．

次に，みりんの出現状況を『複製本』の地域別に見ると，江戸48.7%，京都25.5%，大阪20.2%，名古屋5.9%で，江戸のみりん使用率が1位となり，京都が料理本数の50%であるのに対し，みりんの使用率はその1/2になっている．これは京料理のうす味嗜好や食材，関東でのみりん生産量の増加が理由としてあげられるが，なによりもみりんが江戸の味嗜好に適していたことによると考えられる．関東と関西の味嗜好の差が，みりんの出現状況によっても裏付けられたと言える．

2.2.8　みりんの調理効果と料理

みりんには甘味の付与，煮崩れ防止，てり・つやの付与，マスキング（消臭）効果，口あたりを柔らかくするテクスチャーの改良，防腐効果などの調理効果がある．そこで，みりんを使った料理を調理効果の面から分類してみた．調理効果は複合的な場合も多いので概略をまとめ，例をあげた．（　）内は原文．

（1）　上品な甘味の付与，呈味の向上および煮崩れ防止効果

　①　なすの唐煮（なす：みりん酒としょうゆにて旨煮）『料理

早指南』
② 干鯛の節煮（鯛：みりん酒としょうゆ，かつをふし沢山入れて煮る）『料理早指南』
③ くわい太鼓煮（くわい：美淋にて能(よく)煮しょうゆをくわえ）『素人庖丁』
④ 牛蒡太煮（みりん四分しやうゆ（醤油）三分水三分のつもりにて牛ほうの上にのるほど沢山汁を入れ）『素人庖丁』
⑤ 獅子煮(ししに)（章魚(たこ)：みりんと水にて能煮）『料理通』

①〜⑤は煮物で，煮物はみりんを使用した料理の約半数を占め，みりんの上品な甘味とコクが煮物の味を引き立たせる役目をしている．また，煮物にありがちな煮崩れを防ぐ役目も果たしている．

(2) てり・つやおよび粘稠性の付与
① 干鯛の鉢肴(はちざかな)（みりん酒と焼きしほ（塩）ばかりにて煮る尤(ゆう)に（最も）しるみつのごとくなる時）『料理早指南』
② ごまめ硯(すずり)ぶたもり合(あわせ)（みりん酒としょうゆよくにつめみつのごとくなりたる時）『料理早指南』
③ 蝋焼(ろうやき)豆腐（極上の葛をみりんにてときゆるめ三四へんも付てあぶれば光出）『素人庖丁』
④ てり煮の伝（柚・蜜柑・金柑など柑橘(かんきつ)類の煮方：味淋酒にて煮つめ氷おろし（氷砂糖を細かくしたもの）を入，又煮て焼き塩入煮上げる也）『料理通』
⑤ 唐煮蜜柑（蜜柑にほどよくやきめをつけてにがみをさり味淋にてよきつやに煮つめる）『料理通』

(3) マスキング効果

① みりん干『新撰献立部類集』

『言経卿記(ときつねきょうき)』(1604)にみりん干の記述はあるが,食材は不明[31].『新撰献立部類集』では「精進取ざかな之部　あげふ,みりん干」とあり,このみりん干が精進物と類推できる.

② うなぎの蒲焼(かばやき)『料理塩梅集』

『複製本』に記載はなかったが,『料理塩梅集』加賀文庫本に「うなぎ焼き」の記載が見られ「味淋酒醤油濃くかけて」とある.幕末に近い天保,嘉永の頃の江戸風俗を描写した『守貞漫稿』(1837-53)には生業の中の鰻屋(うなぎや)に,うなぎ蒲焼の調理法や調味料の京・大阪と江戸との違いが詳しく述べられている.江戸時代末期(19世紀中頃)には京阪では蒲焼のたれにみりんは普及していないが,江戸ではすでに醤油とみりんが用いられていたと記されている[32,33].

(4) テクスチャーの改良

① 赤貝和煮(やわらかに)(始めにみりん酒にて,とろとろとたき,のちに醤油,酒とにて)『万宝料理秘密箱』

② 蛸(たこ)やわらか煮の伝(蛸を大根にて能々白豆を入みりん酒壱ぱい,醤油半分,水一盃入)『料理通』

アカガイやタコなどは煮方によっては口ざわりがかたい場合があるので,特に「やわらか煮」という料理法を記している.

(5) 呈香味の向上

① 天門冬(てんもんどう)きぬた巻(天門冬(クサスギカズラ):煮きりみりんの塩味にて)『料理通』

② 卓子大菜小菜之中仕方　魚類（煎鰹：味淋醤油を能煮きり）
『料理通』
③ 普茶大菜小菜之中仕方　精進（長芋：味淋酒をとくと煮きりて）『料理通』

「煮切り」という操作はみりんのみ，または醤油などの調味料とともに行われ，加熱して火を入れることによって香りを良くする．

(6) 防腐・殺菌効果

みりん漬は『複製本』に8か所記載がある．『万宝料理秘密箱』(1785)の「阿蘭陀漬」は，酢・梅酢が主体で，みりん酒を少し入れることで呈味の向上を図っている．本格的なみりん漬は『料理通』のみにあった．

① 阿蘭陀漬の方（塩鯖，いわし，蓮根，茄子，牛蒡，はじかみ（ショウガ），茗荷の子）『万宝料理秘密箱』
② 四季硯蓋春之部（いぼせ（イボダイ）かたみおろし味淋つけ）『料理通』
③ 四季鉢肴の部　春（鯖みりんづけ）　冬（塩引鮭味淋漬）『料理通』
④ 四季椀盛之部　秋（鮭みりん漬）『料理通』
⑤ 四季焼物之部　春（鱒味淋漬）　冬（かこひ雷干瓜）『料理通』
⑥ 卓袱料理大菜（青煮：味淋酒ほどよく煮かえし蕃椒をいれてよくよく煮つめ……あちゃら漬）『料理通』

(7) みりんと砂糖の合わせ効果（菓子）

　菓子に利用され始めたのは『料理早指南』(1801-22) 以降で，蜜したし，葛きり，柚ねりはいずれもみりんと砂糖が一緒に使われ，みりんの調理効果と砂糖の調理性を巧みに利用している．また，砂糖の普及とも関連性がある．

① 蜜したし（上々古みりん上々せうゆ（醤油）すこし白ざとう入　よく煮つめきぬどふしにてこして是にて煮る也）『料理早指南』

② 葛きり（したじはそばよりあまきよし　みりんにさとうをつかふ）『料理早指南』

③ 柚ねり（柚の皮をきざみすりばちにてすり白ざとう入みりん酒すこし入れて土なべにいれてねりのごとくする也）『料理早指南』

④ 岩石くるみ（くるみのみ（実）ゆにつけうすかは（薄皮）とり　みりんしゅにてにつめ）『料理献立集』

④ 梅羊羹・藕粉糕（ようかん）（グウフンカウ）（米の粉に刻み蓮根を入れたもの）『料理通』

⑤ 岩石くるみ・よせくるみ・黒ごまよせ『料理調菜四季献立集』

　　よせ胡麻・よせくるみ・栗みりんだき『四季献立会席料理秘嚢抄』

　人は調理された食べ物を食べ，意識的であるかないかにかかわらず，おいしい食べ物を選択する．みりんの調味料として果たしてきた役割を見ると，甘味・コクなどの味覚，てり・つやの外観，

煮切りによる呈香味，魚臭を防ぐ消臭，さらに柔らかさのテクスチャー改良など，幅広くおいしさに関与し，食べ物の嗜好性要因に影響を与えている[34]．元禄時代に料理に利用され始めたみりんは，江戸後期に至る二百余年の間に，人々のおいしさへの追求を満足させる調味料として日本料理完成の基となった．明治期以降は，『食道楽』(1903)[35]，『四季家庭料理』(1927)[36]に見られるように家庭の惣菜(そうざい)に使用され今日に至っている．

現在，科学的に証明できる様々なみりんの効用を，先人達が体験的に知り，料理に利用した経緯が料理本によって把握できた．食文化史上から見ても，江戸期はみりん，醤油，かつお節などの調味素材が急激に発達した時代で，特に文化文政の爛熟期に，みりんの食に及ぼした影響は大きかったと考えられる．

参 考 文 献

1) 河辺達也，森田日出男：醸協，**93**(10)，799（1998）
2) 河辺達也，森田日出男：醸協，**93**(11)，863（1998）
3) 吉沢　淑：酒の科学，朝倉書店（1995）
4) 石川寛子編著：食生活と文化，p.144，弘学出版（1994）
5) 吉井始子監修：江戸時代料理本集成，50種115冊，臨川書店（1977）
6) 吉井始子編：翻刻江戸時代料理本集成，1～11巻，臨川書店（1978）
7) 澤田参子他：江戸期の料理本におけるみりんについて，第1報，奈良文化女子短期大学紀要，**30**，83（1999）
8) 山岡元隣（而恍斎）：食物和歌本草増補（1667）
9) 小野必大：本朝食鑑，巻三（1697）
10) 蘆　桂洲：食用簡便（1833）

11) 石川元混撰：日養食鑑（1820）
12) 著者不明：宣禁本草集要歌（江戸初期）
13) 向井元升：庖厨備用倭名本草，巻十二（1684）
14) 馬場幽閑編：食物和解大成（1698）
15) 小野蘭山著，小野職考纂輯：飲膳摘要（1806）
16) 山本世儒撰：懐中食性（1811）
17) 大藏常撰，高宮倍敞補：食物能毒編（1848）
18) 石橋四郎：和漢酒文献類従，酉文社（1936）
19) 濱田義一朗：江戸川柳辞典，東京出版（1976）
20) 原田信男：江戸の料理史，中公新書（1989）
21) 樋口清之：日本食物史，柴田書店（1994）
22) 松下幸子：図説江戸料理事典，p.281，柏書房（1998）
23) 松下幸子：図説江戸料理事典，p.281，柏書房（1998）
24) 河野友美：調理事典，p.332，医歯薬出版（1996）
25) 楠瀬 恂編輯：五月雨草紙，p.44，書齊社（1927）
26) 富岡典子：大和の民間祭祀に伝承される食饌（2），食生活文化調査研究報告集 8，9（1997）
27) 貝原益軒，伊藤友信：養生訓，巻第四，p.327，講談社（1998）
28) 喜田川守貞：守貞漫稿・類従近世風俗志，第28編後，p.426，文潮社（1928）
29) 川原崎淑子他：江戸期の料理本におけるみりんについて—第2報，園田学園女子大学論文集 34（1999）
30) 小泉武夫：発酵食品礼賛，p.114，文春新書（1999）
31) 東京大学資料編纂所：大日本古記録 13，言経卿記，岩波書店（1987）
32) 喜田川守貞：守貞漫稿・類従近世風俗志，第5編生業下，p.158，文潮社（1928）
33) 片寄眞木子他：江戸期の料理本におけるみりんについて，第4報，論攷（神戸女子短期大学），**45**，64（2000）
34) （財）科学技術教育教会出版部編：本みりんの科学，（財）科学技術教育協会（1986）

35) 村井弦斎：食道楽，報知社出版部（1903）
36) 割烹講習会編：四季家庭料理，大阪文祥社（1927）

（**大江隆子**）

3章 みりんの製造

3.1 はじめに

みりんは江戸時代には婦人や下戸の飲み物として用いられていたが,現在ではみりんを焼酎(しょうちゅう)で薄めた本直しを除いては,家庭料理から加工食品に至るまで幅広く調味料として使われている.

1837～67年頃の諸国の風俗を描いた『守貞漫稿(もりさだまんこう)』には,関東でうなぎ蒲焼(かばやき)やそばつゆにみりんが使われたとの記述がある.このような用途の変遷がみりんの品質,製造に無関係であるはずがなく,もち米,米麹(こめこうじ),焼酎を主原料とするみりんの製造方法も長い歴史の中で改良,工夫がなされて現在の形に至っている.

また,みりんは酒税法の規制を受ける酒類(しゅるい)調味料であり,原料,製造法や成分などが酒税法により定められていて,その範囲内での技術開発,品質改良がなされているのが現状である.

3.2 みりんの原料

みりんの製造工程を図3.1に示すが,もち米,米麹(うるち米麹)および焼酎またはアルコールを原料として醸造される.これ以外にも酒税法で定められたタンパク質物分解物,有機酸,アミ

ノ酸塩などの副原料，ブドウ糖，水あめ，トウモロコシなどの糖類やデンプン，タンパク質の分解を補助する酵素剤の使用が認められている．しかし，みりん特有の風味は主な3原料によって醸し出される．

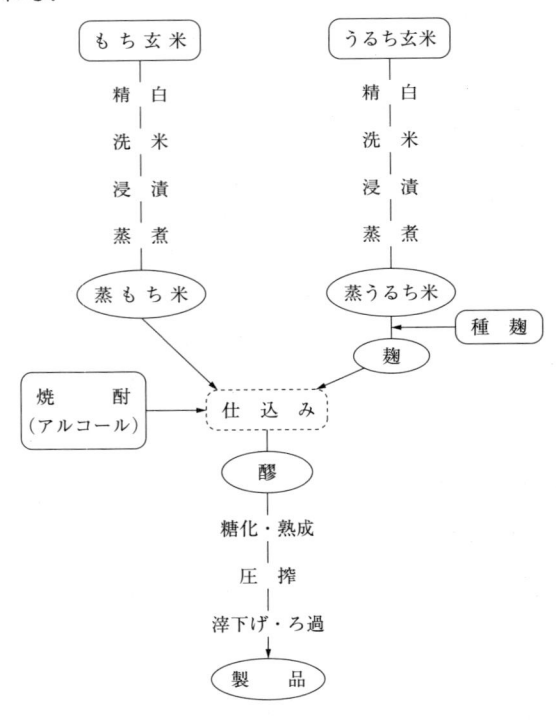

```
  もち玄米                うるち玄米
    │                      │
   精白                    精白
    │                      │
   洗米                    洗米
    │                      │
   浸漬                    浸漬
    │                      │
   蒸煮                    蒸煮
    │                      │
  蒸もち米                蒸うるち米
    │                      │
    │                     麹 ← 種麹
    │                      │
  焼酎                      │
 (アルコール) → 仕込み ←────┘
              │
             醪
              │
           糖化・熟成
              │
            圧搾
              │
          滓下げ・ろ過
              │
            製品
```

図3.1 みりんの製造工程

3.2.1 もち米

　もち米はみりんの主原料であり，掛米(かけまい)（醸造において醪(もろみ)の仕込

み用に用いる米）として使われる．もち米が掛米とされる理由は，うるち米に比べてもち米デンプンは老化しにくく，米麹の作用で糖化されやすいためである．それは，うるち米が十数％のアミロースを含むのに対し，もち米は大部分が老化しにくいアミロペクチンで構成されていることによる．みりんの製造では，醸造初期には，40％程度のアルコール中で掛米を米麹の酵素によって分解し，分解によって生成した糖分などの成分により，アルコールは14％程度にまで希釈される．また，もち米は外来種の中にはアミロースが混在しているものもあるが，100％アミロペクチンに近いものがみりんの原料としての適性が高い．

なお，うるち米みりんの糖化がうまく進行しないのは，みりんの仕込み初期はアルコール分が20％前後と高く，もち米はこの濃度のアルコール存在下でも溶解されるが，うるち米は溶解が悪い

表3.1　各種酵素の安定性に対するアルコール濃度の影響

麹	アルコール(％)	残存活性（％）					
		AAase	GAase	AGase	APase	ACPase	NPase
みりん	0	22.5(71.1)	96.9(78.7)	102.4(77.9)	95.9(97.3)	79.6(76.8)	79.9(81.1)
	10	38.4(68.9)	95.8(78.1)	98.0(73.4)	94.7(93.0)	79.2(74.3)	76.7(77.4)
	20	49.6(72.4)	60.4(70.5)	86.9(66.8)	92.3(90.2)	55.7(54.4)	72.4(75.3)
	30	43.3(60.8)	7.6(27.5)	46.7(40.1)	41.4(26.3)	31.1(18.3)	27.9(18.3)
	40	20.3(59.6)	2.0(2.5)	33.4(26.7)	7.7(0.7)	0.7(2.5)	3.1(0.5)
焼酎	0	103.4(96.6)	88.4(84.7)	97.4(95.1)	90.8(78.4)	93.7(83.2)	99.0(94.4)
	10	97.8(103.4)	86.8(81.6)	94.7(96.3)	85.7(77.1)	91.0(81.1)	98.1(93.2)
	20	103.4(95.5)	81.1(76.3)	92.1(81.9)	74.5(56.3)	90.1(83.2)	84.5(73.4)
	30	95.5(94.4)	68.4(63.4)	85.5(71.0)	16.3(8.6)	63.1(23.8)	12.6(8.2)
	40	79.8(85.4)	43.2(52.1)	76.4(65.0)	4.1(2.4)	0.0(0.0)	2.9(2.3)

pH 5.0, 30℃, 20時間．
（　）内の数値はグルコースとしての値．

表3.2 醪中の残存酵素活性（%）

	みりん麹	焼酎麹
α-アミラーゼ（AAase）	0.2	89.9
グルコアミラーゼ（GAase）	0.0	88.4
α-グルコシダーゼ（AGase）	2.7	86.5
酸性プロテアーゼ（APase）	3.6	16.1
アルカリ性プロテアーゼ（ACPase）	16.0	22.0

pH 4.4, 55℃, 24時間.

ことが知られている[1]．これはうるち米の米粒構造に起因しており，高濃度のアルコール存在下ではデンプンの老化が速いためとされている．内田らは，もち米や米麹の溶解に及ぼす初発アルコール濃度を調べて，もち米のデンプンの溶解にはほとんど影響はないが，製麹のデンプン溶解にはアルコールの影響が大きく，また米中のタンパク質の溶解もアルコール濃度が10%以上では急激に低下すると報告している[2]．

もち米は価格が高く，供給が少ないこともあり，みりん醸造の掛米をうるち米で代替しようとする試みは古くからあり，蒸うるち米を酵素によって高温処理してデンプンが老化しない程度まで分解した後，アルコール，米麹を添加してみりん醪とし，以下常法通り，糖化・熟成させる方法が考案された[3,4]．また，うるち米の温水浸漬・加圧蒸煮法や界面活性剤による処理方法なども研究されている[5]．

また，50～55℃の腐造菌が増殖しない高温で蒸うるち米と米麹を仕込み，デンプンの溶解が進んだ後でアルコールを添加して，以後30℃で糖化・熟成する方法も検討されている[6]．その場合，

米麹の酵素群は高温で失活するので，耐熱性の α-アミラーゼやグルコアミラーゼを生産する焼酎用白麹菌（*Aspergillus kawachii*）を種麹として使用すると残存酵素活性も高く，アルコール存在下でも通常のみりん麹と活性の差がないとしている．この方法によれば，糖濃度はやや低いが，オリゴ糖が多く，酸度，アミノ酸の高い新タイプのみりんが得られるという．

3.2.2 米　　麹

一般には麹は糸状菌を穀物に繁殖させて作り，東南アジアや日本，中国などで酒，調味料などの醸造物の製造に広く利用されている．

これらの麹の菌株はアジア地域でもそれぞれ特徴があり，日本では穀物を粒状のまま蒸して，これに黄麹菌（*Aspergillus*属）を用いるが，中国では*Rhizopus*属や*Mucor*属が比較的多く使用されている．

日本では，麹が清酒，焼酎や醤油，味噌，みりんなどの醸造物には必須の原料として利用され，古来より清酒では「一麹，二酛，三造」といわれ，また醤油でも「一麹，二櫂，三火入れ」と麹の重要性が認識されている．

みりん製造においては酵母による発酵工程がないので，米麹は，清酒，醤油に比較すると，より重要な原料であり，麹の良し悪しが品質を左右するといえる．

みりん用麹としては，やはり*Aspergillus*属が一般に使用されるが，みりんの用途が調味料としての利用に重点が移るにつれ，麹

の効用は単に掛米であるもち米のデンプンやタンパク質の溶解性だけでなく，酸味の量を多くしたり，質を違えて味のバランスを変えたり，うま味成分であるグルタミン酸やペプチドを増やしたりして，食の多様化に対応すべく新しいみりん醸造への試みがなされている．

例えば，焼酎用麹菌の Asp. awamorii IFO 4122, Asp. usamii mut.shiro-usamii IFO 6082, Asp. niger IFO 4034 や中国の老酒麹に用いられる Rhizopus oligosporus NRRL 2710, Asp. oryzae IFO 4079 を米麹の菌株として使用し，その自己消化による有機酸組成を比較すると，Asp. niger, Asp. awamorii および Asp. usamii mut. shiro-usamii の麹は Asp. oryzae の麹の10倍以上の酸を有し，その大部分がクエン酸である．また，Rhi. oligosporus の麹も Asp. oryzae の麹よりも3倍と多く，その酸は乳酸が62%を占める[7]（表3.3）．

表3.3　種々の菌株で調整した米麹中の有機酸[7]

有機酸	R. oligosporus		A. oryzae		A. niger		A. awamorii		A. usamii mut. shiro-usamii	
	含量 (mg/g麹)	組成比 (%)	含量 (mg/g麹)	組成比 (%)	含量 (mg/g麹)	組成比 (%)	含量 (mg/g麹)	組成比 (%)	含量 (mg/g麹)	組成比 (%)
乳酸	2.74	62.4	0.69	51.1	1.41	7.7	1.90	12.6	1.77	11.4
酢酸	0.14	3.2	0.24	17.8	0.10	0.5	0.18	1.2	0.20	1.3
リンゴ酸	0.47	10.7	0.15	11.1	0.34	1.9	0.43	2.8	0.56	3.6
クエン酸	0.35	8.0	0.15	11.1	13.10	71.9	11.52	76.2	11.99	77.3
コハク酸	0.69	15.7	0.12	8.9	3.28	18.0	1.08	7.2	1.00	6.4
計	4.39	100.0	1.35	100.0	18.23	100.0	15.11	100.0	15.52	100.0

pH 5.0, 30℃, 20時間．
（　）内の数値はグルコースとしての値．

このように *Asp. oryzae* 以外の糸状菌を用いて，清酒中の有機酸組成を変えたり，量を多くし，多酸清酒を試作したり[8]，*Rhi. delemar* 麹を使った清酒では，酸が多いにもかかわらず酸味が強くなく，淡麗で，雑味の少ない白ブドウ酒に似た酒質の酒が検討されている[9]．

また *Rhizopus* 属や *Mucor* 属の菌株を使って米麹を試作し，グリセリン（グリセロール）の多いみりんが得られている[10]（表3.4）．これによって甘味の幅を持たせ，粘稠性を付与し，食品にみりんのもつ湿潤性を生かして，てり・つやなどの調理効果が期待され

表3.4 *Rhizopus* 属および *Mucor* 属菌株で調整した米麹中のグリセリンの蓄積[10]

菌 株	生育度*	グリセリン (g/100g 麹)	グルコース (g/100g 麹)
R. oryzae IFO 4716	++	6.2	12.9
R. oryzae IFO 4706	++	5.3	20.8
R. oryzae IFO 5438	++	3.7	19.8
R. oryzae IFO 5419	+	2.9	35.2
R. japonicus IFO 4758	++	2.4	17.6
R. japonicus IFO 5442	++	0.9	32.6
R. chinensis IFO 4768	++	2.3	19.8
R. delemar IFO 4746	++	3.9	20.9
M. javanicus IFO 4569	++	4.8	20.6
M. javanicus IFO 4570	++	2.6	24.5
M. javanicus IFO 4572	+	3.9	20.9
M. circinelloides IFO 4554	++	2.3	22.3
M. prainii IFO 4574	++	2.8	14.5
Mr. racemosus IFO 4581	++	3.8	34.0
M. fragilis IFO 6449	++	1.6	32.6
M. ambiguus IFO 6742	+	2.0	28.9

＊ ++：生育良好，＋：生育普通．

る．各種の菌株の米麹中のグリセリン含量は，多い菌株（*Rhi. oryzae* IFO 4716）で米麹100g中6.2gであった．さらに紫外線を使った変異株では11.8gまで蓄積することができる．しかし *Rhi. oryzae* の米麹は製麹時間が長く，33～35℃で6日間を要することや菌糸が長く製麹しにくいなど，生産面での改良の余地がある．

前述したように，みりんには酵母による発酵過程がなく，麹の酵素作用による糖化・熟成で醸造されるので，麹の役割は清酒などに比較して大変重要であり，みりんの品質は麹の良否による．そして，その麹の品質を左右するのは麹菌の性質および製麹条件である．

(1) 麹　菌

みりんに使用される麹菌は *Asp. oryzae* である．この菌株は機械製麹適性が高く，古来からのみりん風味に対する消費者の嗜好が残っていることによるが，嗜好の多様化，和洋中華料理への用途の広がりに伴い，*Asp. oryzae* 以外の麹菌を利用したみりんの開発が今後は盛んになるものと思われる．例えば *Asp. awamorii*, *Asp. kawachii*[11], *Asp. usamii*[12] を使った，有機酸含量が多く，すっきりした風味のものや，トランスグルコシダーゼ活性の強い *Asp. shiro-usamii* と *Asp. oryzae* の融合株によるオリゴ糖や糖アルコールの多いみりんなどの検討がなされている．

みりん用麹菌に求められる性質は，① 原材料デンプンの利用率を向上させるためにα-アミラーゼ活性やグルコアミラーゼ活性の高いこと，② もち米タンパク質を分解してうま味成分であるアミノ酸やペプチドを生成するプロテアーゼ活性の高いこと，

③ 糖組成を複雑にしてコク味を増すトランスグルコシダーゼ活性の高いこと，④ 黒粕の原因となるチロシナーゼ活性を持たないこと，⑤ 火落菌(ひおちきん)の生育因子であるメバロン酸を生成しないこと，および ⑥ 製麹が容易で，常に一定の品質を保っていることなどがあげられる．そのため単一の麹菌では難しいので，一般には数種類を混合して使用される場合が多い．今後，みりんの多様化に適した麹菌の開発については，麹菌間の融合，遺伝子組み換え技術などが急速に発展するものと考えられる．

近年，みりんに適する麹菌の研究開発が活発になされており，良好な風味を醸し出すには単菌より複合菌が良いとか，製麹温度などの条件で麹のアミラーゼ力価やプロテアーゼ力価のバランスが異なり，風味，成分にまで影響することがいわれている．また，有機酸含量や組成を変えて，風味を調整するために *Asp. oryzae* の麹と他の菌株（例えば *Asp. kawachii* や *Asp. awamorii*）の麹が併用されることもある．みりんの調理効果の1つであるうま味の付与にはアミノ酸，ペプチドの関与が大きく，なかでも呈味性の強いグルタミン酸は重要である．醤油醸造ではグルタミン酸の生成に関しては多くの研究があり，食塩濃度の高い各条件下で麹中のプロテアーゼ，ペプチダーゼやグルタミナーゼなどの酵素反応によって，原料タンパク質から生成されることが明らかとなっている．

(2) 種　　麹

種麹(たねこうじ)とは醸造のために純粋培養して多量に作られた麹菌の胞子である．現在は麹菌の胞子と α 化デンプンなどの混合物が機械製

麹に適応した種麹として主流を占めているが，玄米麹のまま使っているみりんメーカーもある（理由は後述）．麹菌を純粋に増やす工夫としては，蒸米（むしまい）に灰をかけて種麹を作ることによりなされている．これはアルカリに弱い種々の雑菌が死滅する一方で，灰に含まれるリン酸やカリウムが栄養分となり，銅，亜鉛などの微量ミネラルが胞子の着生量増大や，色を良くすることに寄与するからである．

(3) 麹

糸状菌（カビ）を使った酒造りは大陸から伝播したであろうにもかかわらず，中国の麹は穀物の粉砕物を固めたものにカビを生やした餅麹（へいきく）が主流である（最近では散麹が多くなっている）が，日本では蒸米に麹菌を生やした散麹が使われている．また，カビの種類も中国ではデンプン分解だけでなくアルコール発酵力を持つ *Rhizopus* や *Mucor* などが使用されているが，日本ではアルコール発酵力がほとんどない *Aspergillus* が使われている．これは高温多湿という日本の風土に適応して繁殖したものが自然と使われるようになり，日本特有の麹作り，酒造りが生まれたのだと考えられている．なお，散麹は機械製麹への適性が高く，作業性が良かったため，昭和35年頃にはみりん，清酒業界で機械製麹が始められた[13]．

また，みりん醸造ではうるち米が米麹原料として利用されるが，みりん仕込み初期のアルコール濃度が高いため，米麹のデンプン質が老化して溶解性が悪く，利用率も悪い．したがって米麹の醪中での自己消化性も低く，香味に影響がある．そこで，もち米で

米麹を作る検討も古くからなされていて,江戸初期にもち米麹が作られていたとの記述もある.

もち米麹の製麹において問題となるのは,もち米の糊化であり,製麹後期には麹が餅状の塊となってしまい実用的な麹とはならないことである.そのため,もち玄米を使って製麹後に玄米の外皮を破壊して仕込む方法,短時間吸水処理して蒸米水分を25〜35%と低くしたりすることなどが知られている[14].つまり,浸漬米の水分が低いと菌糸の破精込み(米粒の中心部まで菌糸が良く生育すること)や自己消化時の溶解性,風味などの点で不十分となるので,上記のようにある程度の吸水を維持しながら製麹中に餅状にならないもち米の処理を行うのである.

最近になって,もち米を焙炒処理した後に吸水(33〜39%)し,その後蒸煮する方法が開発され,さばけが良く,べとつかないで,自己消化の可溶化率も高いもち米麹が作られるようになった[15].すなわち焙炒処理を行うと,もち米の表面を硬質化,内部を多孔

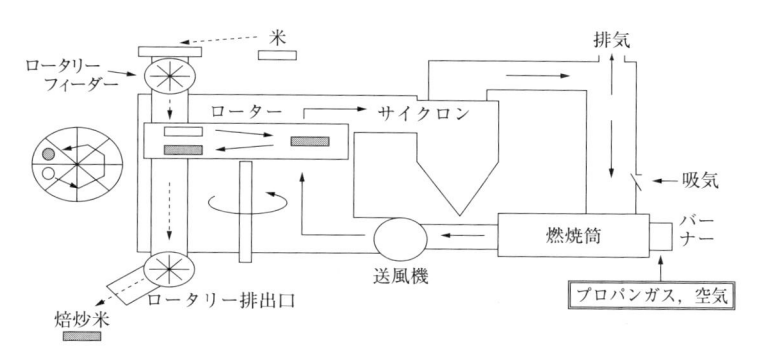

図3.2 焙炒処理工程図

質化させ，粘着性がなく，菌糸の破精込みが良好になるのである．焙炒処理工程を図3.2に示す．焙炒条件としては180〜240℃，1〜5分程度が良好で，得られるもち米麹のα-アミラーゼ活性，酸性プロテアーゼ活性はうるち米と同等であった．また，このもち米麹を使ったみりん仕込みの結果は，うるち米麹の対照みりんに比べみりん収量が高く，風味も良好であった．

また，うるち米を使った固体米麹の代替として液体麹も検討されている[16]．液体麹のメリットは，工程が機械化しやすい，原料米の使用量が軽減される，さらにはみりん粕などがほとんど生成されないので，みりん生成歩合が高いことなどが考えられる．しかしながら酵素バランスに問題があり，固体麹に比較して糖化力が弱く酵素剤で調整する必要がある（表3.5）．

表3.5 液体麹の酵素力価

	液化力	糖化力	グルコース生成力
液体麹	60	170	160
米　麹	50	1 250	520

（液体麹1m³当たり，米麹1g当たり）

3.2.3 焼　　　酎（アルコール）

アルコール発酵過程を持たないみりん醸造では，清酒醸造における仕込水の代わりに焼酎を使う．みりんの醸造に使われる焼酎は2種類あり，酒税法でいう甲類焼酎と乙類焼酎である．前者はスーパーアロスパス式などの連続式蒸留機を使って製造されたアルコール度数36度未満の焼酎で，エタノールと夾雑物をよく分

離したアルコール純度の高いものである．一方，後者は単式蒸留機を使って製造され，エタノール以外のフーゼル油などの微量成分を含み，特有の味，香りを持つアルコール度数が45度以下の焼酎である．甲類が別名新式焼酎，乙類が旧式焼酎とも呼ばれ，各々の焼酎を使ったみりんは新式みりん，旧式みりんと区別されることもある．

自社で甲類焼酎を製造している醸造メーカーは新式みりんを主体に製造しているが，甲類焼酎よりもさらにアルコール純度，度数を高めた，いわゆる醸造アルコールが使用される場合が多い．

3.2.4 その他の原料

酒税法ではもち米，米麹，焼酎（アルコール）以外にトウモロコシ，ブドウ糖，水あめ，タンパク質物分解物，有機酸，アミノ酸塩や清酒粕，みりん粕を使うことが認められている．これらの副原料のうち，タンパク質物分解物やアミノ酸塩などはあまり使用されていないと思われるが，水あめ（醸造用糖類）は使われる頻度が高い．醸造用糖類の使用については，もち米価格が高く，コスト要因が大きいため，使用する糖類の糖組成に工夫をこらすことにより，調理効果の増大や消費者の嗜好の多様化に合致した品質のみりんを製造することが可能となり，積極的に使用されている．酒税法によれば，糖類の使用限度は1製造場で1年間に使用する総白米重量の2倍以下とされている．

そのほかに，酵素剤が麹の補助として使われることがある．例えば，内田ら[17]は種々の市販酵素製剤についてアルコール溶液

中での特性およびみりん製造における実用上の効果を検討している．酵素剤の使用限度は白米重量の1/1 000以下と規定されている．

近年，東南アジアや韓国，中国で安価なもち米を使ってみりん醪を製造し，白酒として輸入され，みりん原料として使われる頻度が多くなっている．製麴技術，アルコール蒸留技術やみりん醪輸送などの品質管理も進み，比較的安価で良質なみりん原料として注目される．

また，掛米原料であるもち米をバレイショに代えたみりん様の甘味調味料の試作もある[18]．バレイショ（男爵）を加熱処理後，みりん仕込みと同様にアルコール，米麴を加え30℃で60日間糖化，熟成を行い，さらに枯草菌（こそうきん）(*Bacillus subtilis*) 由来のα-アミラーゼ，糸状菌由来の中性プロテアーゼの酵素剤の添加についても検討した結果，デンプンの収率は従来みりんと差はないが，タンパク質は酵素剤添加によりやや高くなった．得られたみりん様甘味調味料は，糖分は1/2程度で従来みりんより低いが，遊離アミノ酸は約4倍の920mg%と著しく高かった，としている（表3.6）．しかしながら，みりんは酒類調味料であり，酒税法によりバレイショは原料として認められていないので，この方法で造られたものはみりんの範疇（はんちゅう）には入らない．

表3.6 バレイショみりんおよび市販みりんの遊離アミノ酸含量 (mg/100ml)

遊離アミノ酸	バレイショみりん	市販みりん
アスパラギン酸	133.3	23.2
スレオニン	36.5	8.9
セリン	46.4	15.8
グルタミン酸	78.7	31.4
グリシン	26.8	12.0
アラニン	46.2	15.6
バリン	82.3	17.2
メチオニン	28.7	6.7
イソロイシン	44.4	10.3
ロイシン	73.0	21.2
チロシン	63.5	15.4
フェニルアラニン	55.5	13.4
トリプトファン	14.8	3.5
リジン	62.7	5.2
ヒスチジン	15.0	2.8
アルギニン	82.4	15.6
プロリン	30.0	9.6
全遊離アミノ酸	920.2	227.8

3.3 みりんの製造

3.3.1 製造方法の変遷

みりんの製造方法については,古く『本朝食鑑』(1695),『和漢三才図会』(1713),『日本山海名産図会』(1799),『万金産業袋』(1801)や『西之宮土産味淋酎之法』(1860) などに記述がある.例えば,『本朝食鑑』には「焼酎を以って之を造る.…糯米三合を用い,…麹を二合与え,同じく一斗焼酎を入れ,…」と記されている.その記述内容から『本朝食鑑』のみりんは糖分がわずか

1％程度の甘味のものであり,『日本山海名産図会』のみりんは糖分が約30％でやや濃いものであったと思われる.このように当時のみりんには,現在のみりんと比べて糖分が明らかに低く,焼酎に近いものもあったわけで,みりんは江戸時代から現在にかけて,味淋酎から本直しのようなみりん,さらには現在の糖分43～46％と高濃度なみりんへと変遷してきたと考えられる.これら古書のみりん仕込み配合については山下[19)]によって整理されている(2章,表2.2参照).

3.3.2 原料米の処理

みりんは掛米としてもち米,麹用としてうるち米を使用し,玄米から精白,洗米,浸漬,蒸米に至る工程が原料米処理工程である.原料米処理の工程について以下に述べる.古式から現在に至る機械化,省力化への移行は大手メーカーには顕著ではあるが,できるだけ古式に準じた醸造方式を踏襲しようとするメーカーも存在する.

(1) 精　　白

精白工程の目的は玄米の外側にある灰分や脂質を取り除き,過剰なタンパク質を制御するためである.表3.7に精白による米の成分変化の例をあげる[20)].しかし,みりんの製造では酒のそれに比べてタンパク質の除去を徹底して行う必要はなく,むしろうま味成分の生成にはタンパク質やアミノ酸がある程度必要となる.そこで原料米の精白度は清酒に比べて低く,通常掛米用のもち米で80～87％,麹用のうるち米は80～85％である.ただし,

3.3 みりんの製造

表3.7 精白による一般米の成分変化（乾物量）[20]

精米歩合	粗タンパク質(%)	粗脂肪(%)	灰 分(%)	デンプン価
玄米	7.95	1.90	1.06	69.63
90%	7.24	0.55	0.394	72.75
80%	6.36	0.108	0.245	74.62
70%	5.83	0.076	0.201	75.75
60%	5.47	0.045	0.183	76.88
50%	5.12	0.035	0.194	78.34

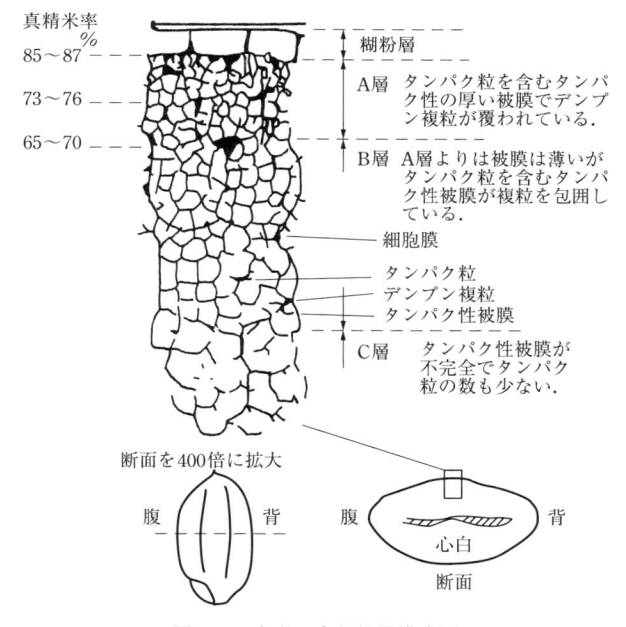

真精米率%
85〜87 ― 糊粉層
73〜76 ― A層 タンパク粒を含むタンパク性の厚い被膜でデンプン複粒が覆われている．
65〜70 ― B層 A層よりは被膜は薄いがタンパク粒を含むタンパク性被膜が複粒を包囲している．

細胞膜
タンパク粒
デンプン複粒
タンパク性被膜

C層 タンパク性被膜が不完全でタンパク粒の数も少ない．

断面を400倍に拡大

腹　背　　腹　背
　　　　　　心白
　　　　　　断面

図3.3 玄米の内部組織模式図

低アミノ酸含量で，比較的着色度が進まない長期熟成みりんの精白度は高いが，みりん醸造の主流ではない．

精白度は「精白むら」との関係もあり，一般に精白歩合による判断は困難であったが，米粒のまわりを均一に研ぐことのできる竪型精米機が昭和初期に投入されて，精度の高い精白が可能となった．また，精白工程で原料米の表層部にある糊粉層(こふんそう)(アリューロン層とも呼び，タンパク質顆粒と脂肪顆粒が多く存在する)が取り除かれると，麹の酵素が作用しやすくなり，原料米は十分消化されるようになるが，一方では糊粉層にはみりんの重厚な甘い香気成分のフェルラ酸エチルなどの前駆物質である糖フェノール，脂質フェノールも多く存在する．図3.3に玄米の模式図を示す．

(2) 洗米，浸漬

洗米は精白した米に付いた糠(ぬか)を取り除く工程である．みりん醸造は四季を通して行われる場合が多く，夏場では糠により浸漬中に糠臭や酸臭が発生したり，濁りや着色といった問題が生ずる場合がある．浸漬も次の原料米を蒸す工程にとって非常に大切である．原料米の吸水状況によって蒸し上がりの出来が決まり，もち米の消化性や麹の品質を左右し，製品に大きな影響を及ぼす．例えば浸漬時間が短いと蒸しが不十分となり，長すぎると蒸米がべたついて溶解性が悪く，圧搾困難になる．浸漬時間は浸漬温度だけでなく，陸稲，水稲やジャポニカ系，インディカ系などの米の種類や品質，さらには新米か古米かによっても異なる．

また，春から秋にかけての比較的気温の高い時期に米を浸漬すると，雑菌（白米についている *Pseudomonas* 属が主な原因菌といわ

れる）が繁殖し，蒸米に着色が生じたり，異臭が付くので，浸漬水温を低くしたり，浸漬水を換えて所要時間を調整することが必要である．

(3) 蒸　　煮

　十分に吸水した原料米は連続式の蒸米機により15〜40分程度かけて蒸煮(じょうしゃ)されるが，一部のメーカーでは昔ながらのバッチ式の蒸釜(むしがま)を使用している．この工程で米のデンプンは糊化し，タンパク質は変性し，脂質の半分は揮散する．昔から，みりんを加熱したときに濁る「煮切り」が問題とされてきたが，掛米のもち米を蒸す際に少し圧力をかけてもち米タンパク質をより変性させ，溶解性を悪くすることにより解消することがわかり，今では加圧式連続蒸米機を採用している製造工場も多い．その場合，0.7kg/cm^2以上の加圧で効果が認められるが，長く蒸しすぎると着色して製品の品質劣化を招くことになる．煮切りの原因はもち米のグロブリン，オリゼニンに由来し[21]，これらが，みりんの糖濃度，塩濃度，品温が高くなると溶解しやすくなるからと推測される[22]．

3.3.3　製　　麹

　みりんの製造方法が清酒と大きく異なる点は，酵母によるアルコール発酵工程がないことであり，みりんの品質は麹の良否に左右される．米麹の製造には在来法の麹蓋(こうじぶた)法，それを簡便化した箱(はこ)麹(こうじ)法および省力化を図った機械製麹法が使われている．麹蓋法で説明すると，まず25〜28℃の温度，60〜75%の湿度に保たれた麹室(こうじむろ)に，冷却した蒸米を「引き込み」，種麹を散布して十分に

「床揉み」を行う．12〜16時間後，米の外側に「破精」と呼ばれる白い斑点が現れる頃に，蒸米をかき混ぜてバラバラにする「切り返し」を行い，再び床に積み上げて布で保温する．5〜6時間後に麹蓋に「盛り」，さらに3〜5時間後に麹蓋の「積み替え」を行い，それぞれの麹蓋の温度を均一にする．その後，麹をよく混ぜ，麹蓋一面に広げて盛り上げる「仲仕事」を経て，再度麹をよく混ぜて，温度ムラをなくしてから麹蓋一面に広げ，表面積を広くするために溝をつくる「仕舞仕事」を行う．これらの操作を何度も繰り返し，40℃近くまで上昇した時点で麹を麹室から取り出す．これを「出麹」という．麹作りはこのように，引き込みから出麹まで48〜55時間かかることになる．また現在では，引き込みから出麹までがオートメーション化された機械製麹法が導入され広く利用されている．機械製麹は作業の省力化，雑菌の汚染防止に役立つだけでなく，麹菌の生育の理想的環境をつくること

表3.8 2次選抜した菌株で調整した麹で作製したみりんのグルタミン酸(Glu)，グルタミン(Gln)，ピログルタミン酸(pGlu)の含量

A. oryzae 菌株	Glu		Gln		pGlu		合 計		Glu-N* Amino-N (%)
	(mg%)	(%)	(mg%)	(%)	(mg%)	(%)	(mg%)	(%)	
IFO 4250	64.8	90.6	1.6	2.2	5.1	7.1	71.5	100.0	14.4
IFO 4251	56.5	95.3	2.8	4.7	0.0	0.0	59.3	100.0	12.9
IFO 5785	52.9	84.1	5.7	9.1	4.3	6.8	62.9	100.0	11.9
IFO 4240	50.9	95.1	2.6	4.9	0.0	0.0	53.5	100.0	14.1
IFO 4254	41.6	76.6	12.7	23.4	0.0	0.0	54.3	100.0	14.8
IFO 4220	40.8	87.4	5.9	12.6	0.0	0.0	46.7	100.0	13.0
IFO 5375	40.5	92.3	3.4	7.7	0.0	0.0	43.9	100.0	14.4
IFO 5768	39.3	73.3	9.2	17.2	5.1	9.5	53.6	100.0	10.0
TM	32.8	83.3	3.2	8.1	3.4	8.6	39.4	100.0	9.7

＊ Glu-N：グルタミン酸の窒素，Amino-N：アミノ態窒素．

ができるので,安定した麹を年間を通して得ることが可能となる．また，製麹時間も通常45時間程度と，麹蓋法に比較して短時間で良質な麹ができる．

みりんでは仕込み初期には約20%の高アルコール存在下で，掛米であるもち米タンパク質を米麹で分解することに特徴があり，高山ら[23]は *Asp. oryzae*, *Asp. awamorii*, *Asp. usamii*, *Asp. niger*, *Rhi. oryzae*, *Rhi. japonicus* などの82株から，みりん醸造に適した麹菌を検索した．そして *Asp. oryzae* IFO 4250, 4251株を使用した麹では，市販みりん用麹菌に比較してグルタミン酸含量でそれぞれ2.0倍，1.5倍となり，全窒素およびアミノ酸含量は1.5倍，1.3倍になるとしている（表3.8）．この理由としては，アルコール存在下での酸性プロテアーゼやグルタミナーゼが，それぞれ市販みりん用麹菌の約1.2倍，および3～4倍と高いことからといわれている．また，検索した多くの麹菌の米麹中のグルタミン酸含量は100mg%（麹当たり）以下であるが，自己消化により多いものでは546mg%と，市販みりんの5倍以上にも増加したという．

一般には麹菌は低温製麹ではプロテアーゼ力価が強まり，高温製麹ではアミラーゼ力価が強くなる．また蒸米水分を多くする，あるいは精白歩合を80%より低くした場合には，これらの酵素力価は低下する．種麹の接種量は破精の状態にも影響し，接種量が多い場合は蒸米表面に発育した菌糸が重なり合い，米内部への食い込みのない「ぬり破精」が，接種量が少ない場合には米内部への食い込みがある「突破精」ができやすいといわれる．また，蒸米水分が少ないほど菌糸の食い込みが深く，酵素生産も高くなる

が，麹菌の増殖が遅れるので，適度な水分を見極め，調整することが重要である．

3.3.4 仕 込 み

みりんの品質には，原材料の米，米麹，焼酎（アルコール）の特性とともに，これら原料の配合割合や仕込み方法が影響する．仕込み時の焼酎のアルコール濃度は35～40%程度のものが使用されるが，掛蒸もち米が米麹に分解されるにつれて14%程度で落ち着く．そして主に糠から生成するエキス分が45～50%にまで達する．表3.9に仕込み配合例を示すが，以前の配合では焼酎の使用割合が少なく麹の割合が大きいので，比較的濃厚な仕込みとなり，原料利用率や作業性が悪く，また煮切りが出やすいなどの問題があった．現在では麹香(こうじか)をあまり必要としない料理もあり，麹の使用料を減らしてそのぶん市販酵素製剤を利用し，さらに焼酎を多く使用して，原料利用率が高く，品質の良い，より安価なみりんが製造できるようになっている．

みりん醸造には米麹以外に市販酵素製剤の使用が米使用量の1/100まで認められており，原材料のデンプン，タンパク質の利用効率を上げて，溶解性の向上を図っている．また，もち米原料

表3.9 代表的なみりん仕込み配合

	もち米 (kg)	麹米 (kg)	アミラーゼ (g)	プロテアーゼ (g)	アルコール (L)	麹歩合 (%)	焼酎歩合 (%)
①	2580	420	300	0	1900	14	63
②	2700	300	500	500	1950	10	65

のうるち米への代替[3,4]やトランスグルコシダーゼを応用した新しいみりんの試醸も行われている[24,25].

みりんは45〜48%もの糖分を含み,その約80%がグルコースであり,これがみりんの甘味を単調にしたり,低温下での結晶化の原因となっている.

みりん中の糖組成をより複雑にすることは,調味料としての味のふくらみ,コク味に深くかかわり,みりんの品質向上には重要な課題であるが,$\alpha 1 \to 4$グルコシド結合を持つマルトースなどのオリゴ糖は,みりん醪中では残存しているグルコアミラーゼに分解され蓄積しない.そこで,分解を受けにくいイソマルトース,イソマルトトリオースなどの$\alpha 1 \to 6$グルコシド結合を持つ非発酵性オリゴ糖を多く存在させる必要がある.

深谷ら[25]は市販の *Asp. niger* 起源のトランスグルコシダーゼや市販の種々の酵素製剤を利用して,みりんを試醸した.トランスグルコシダーゼの作用を十分に発揮させて非発酵性オリゴ糖比率を高くするには,麹歩合(掛米に対する麹米の割合)を5〜10%と低くして,グルコアミラーゼ力価を弱め,β-アミラーゼ製剤を使ってマルトースを多く生産させる.それと同時に,α-アミラーゼ製剤,プロテアーゼ製剤を使って溶解性を高めることにより,非発酵性オリゴ糖比率20%以上のみりんを得ることができて,みりんの風味向上や結晶化防止が可能となったとしている(表3.10,表3.11).なお,プロテアーゼ製剤を使用すると煮切り混濁が顕著となるので,その使用量の検討が必要と考えられる.

昔はムシロの上に蒸もち米を撒き放冷後,麹をこれに薄く撒き,

表3.10 各仕込みの酵素製剤配合条件

仕込区分		酵素剤 (mg/g白米)					麹歩合 (%)
		トランスグルコシダーゼ剤	α-アミラーゼ剤	β-アミラーゼ剤	グルコアミラーゼ剤	プロテアーゼ剤	
酵素仕込区	A-1	—	0.92	—	—	—	—
	2	0.081	〃	—	—	—	—
	3	0.162	〃	—	—	—	—
	4	0.324	〃	—	—	—	—
	B-1	0.162	〃	0.5	—	—	—
	2	〃	〃	1.0	—	—	—
	3	〃	〃	2.0	—	—	—
	C-1	〃	〃	〃	—	0.066	—
	2	〃	〃	—	—	0.132	—
	3	〃	〃	—	—	0.264	—
	D-1	〃	〃	—	0.283	—	—
	2	〃	〃	—	0.566	—	—
	E-1	〃	〃	1.0	—	0.132	—
	2	0.324	〃	〃	—	〃	—
	3	0.162	〃	—	0.283	〃	—
	4	—	〃	—	0.566	〃	—
麹仕込区	F-1	0.162	〃	—	—	—	2.5
	2	〃	〃	1.0	—	—	〃
	3	〃	〃	〃	—	0.132	〃
	G-1	〃	〃	—	—	—	5.0
	2	〃	〃	1.0	—	—	〃
	3	〃	〃	〃	—	0.132	〃
	H-1	—	—	—	—	—	10.0
	2	0.162	0.46	—	—	—	〃
	3	〃	〃	1.0	—	—	〃
	4	〃	〃	〃	—	0.066	〃
	I-1	—	—	—	—	—	15.0

焼酎を入れた桶に所要量仕込む方法でみりん製造を行っていた.また,麹米と放冷した蒸もち米を交互に仕込むといった方法も採られていたが,機械化が進み,蒸もち米,麹および焼酎をポンプ

3.3 みりんの製造

表3.11 酵素製剤使用みりんの糖組成

仕込区分		糖 組 成 比 (%)								非発酵性オリゴ糖比率 (%)
		G_1	G_2	iG_2	G_3	P	iG_3	u	iG_4	その他	
酵素仕込区	A-1	5.3	23.0	—	31.8	—	—	—	—	39.9	—
	2	26.2	4.6	15.1	—	8.9	9.6	7.0	5.9	22.7	39.5
	3	33.2	0.6	19.8	—	5.8	11.9	4.5	1.3	22.9	38.8
	4	49.1	0.2	18.7	—	4.1	7.7	—	0.8	19.4	31.3
	B-1	34.3	1.6	20.1	—	6.4	9.7	4.2	2.2	21.5	38.4
	2	36.6	3.0	18.1	—	7.3	8.5	5.0	3.8	13.7	37.7
	3	32.2	5.2	16.3	—	7.9	7.8	4.2	3.4	23.0	35.4
	C-1	42.9	3.4	〃	—	5.1	8.8	2.1	3.0	18.4	33.2
	2	41.7	2.8	〃	—	7.1	10.4	2.5	2.0	17.2	35.8
	3	49.1	2.4	〃	—	8.1	10.0	2.0	1.1	11.0	35.5
	D-1	71.6	2.3	10.2	—	4.0	2.4	1.3	1.4	6.8	18.0
	2	77.2	1.9	8.8	—	3.0	1.7	0.9	1.7	4.8	15.2
	E-1	41.0	3.9	17.5	—	8.7	9.0	4.9	1.6	13.4	36.8
	2	47.6	3.0	17.6	—	5.3	7.6	3.1	1.4	14.4	31.9
	3	80.6	1.9	10.1	—	2.4	1.0	0.4	0.8	2.8	14.3
	4	82.5	2.1	0.7	—	〃	1.1	0.6	1.9	8.9	6.1
麹仕込区	F-1	57.3	2.3	15.4	—	6.1	5.9	1.6	1.0	9.6	28.4
	2	54.7	2.6	16.4	—	7.8	6.1	1.4	2.4	8.6	32.7
	3	62.5	1.7	12.3	—	6.6	5.2	1.4	2.6	7.7	26.7
	G-1	65.0	2.0	13.8	—	5.3	3.9	1.3	2.4	6.3	25.4
	2	63.2	〃	15.0	—	6.3	4.1	1.1	2.2	6.1	27.6
	3	65.0	2.7	14.9	—	5.9	3.7	0.9	1.9	5.7	26.4
	H-1	80.6	2.5	3.3	—	0.3	1.1	〃	0.3	11.0	5.0
	2	72.7	2.9	11.1	—	3.4	1.2	1.0	0.2	7.5	15.9
	3	71.1	2.3	11.9	—	3.6	2.9	0.9	0.6	6.7	19.0
	4	〃	2.0	12.5	—	3.8	3.0	〃	0.4	5.7	19.7
	I-1	83.7	1.8	3.8	—	0.9	1.5	0.2	0.2	7.9	6.4

G_1:グルコース,G_2:マルトース,iG_2:イソマルトース,G_3:マルトトリオース,P:パノース,iG_3:イソマルトトリオース,u:未同定糖,iG_4:イソマルトテトラオース,その他:その他のオリゴ糖.

で仕込タンクへ混合輸送する方法が開発されている．この場合，蒸もち米，米麹を一度に送るには焼酎の量が足りないので，蒸もち米と米麹を仕込タンクに焼酎とともに送り込んだのちに，再度仕込タンクの焼酎を循環して，蒸もち米と米麹を運ぶのに利用している．

ムシロを使用する場合，細菌汚染が避けられず，細菌が繁殖しにくい冬場にしか仕込みが行われなかったようである．また，かつてはみりんも清酒も同様に一度に仕込まずに何度にも分けて仕込む，段仕込みが行われていたが，これは米に比べて焼酎の割合が低いため，一度に仕込んでしまう全段仕込みでは，櫂入れ（櫂棒と呼ぶ攪拌用棒で均一に混ぜる操作）が困難であったためと考えられる．一般の全段仕込みでは，蒸もち米が焼酎を吸って膨潤して数時間後には焼酎の水面より盛り上がり，その状態が数日間続く．段仕込みにより櫂入れは容易になり，原材料の溶解と糖化の進行が早く進み，焼酎が浸透しやすくなり，腐りにくくなるという利点を有していた．現在では作業の機械化および原料処理装置，攪拌機の能力の大幅な向上により，段仕込みはほとんど行われなくなっている．

仕込み温度は25～30℃が普通で，冬期には35℃前後にする場合もある．そして糖化・熟成の間は20～30℃に維持することにより，米麹の酵素作用を十分に引き出す．かつての仕込み時期は春先の2月～3月頃が多く，また，初秋の9月～10月頃にも行われていたが，現在ではもち米の加圧蒸米機による蒸煮によりタンパク混濁（煮切り）防止対策や冬場の仕込室の保温管理も徹底さ

れるなど，品質管理技術が進歩し，製造時期による品質の変化が少なくなっており，年間を通じて製造されている．

3.3.5 糖化・熟成

蒸もち米，米麹および焼酎を混合した醪は20～30℃で40～60日の間，糖化・熟成される．この糖化・熟成工程では，アルコールの存在下で米麹の酵素群が蒸もち米に作用して糖，アミノ酸などが生成する．さらに生成した物質間で様々な反応が起こり，香味成分などの2次物質が生じて，みりん特有の風味を生み出す．

麹中の酵素にはデンプンや糖質の分解に関与するα-アミラーゼ，グルコアミラーゼ，トランスグルコシダーゼ，タンパク質の分解に関与するプロテアーゼ，ペプチダーゼ，脂質の分解に関与するリパーゼなどのほか，香気の生成に関与するエステラーゼ，アミンオキシダーゼなどがある．これらの酵素群はもち米のみならず，米麹自体にも作用して，グルコース，マルトース，イソマルトース，トレハロース，イソマルトトリオース，パノースなどを生成して，みりん特有の糖組成を形成したり，うま味やコクを作りだす各種アミノ酸，ペプチドを生成する．

また，香気の成分であるフェルラ酸エチル，バニリン酸エチルなどのフェノールカルボン酸エチルは，もち米の細胞壁の構成成分であるヘミセルロース，ペクチン質を前駆物質として生成される．すなわち，ヘミセルロースを構成するアラビノキシランのアラビノース側鎖にエステル結合によってフェルラ酸が存在しており，米麹のエステラーゼによって遊離したフェルラ酸が熟成中に

エチルエステル化されて香気が生成するのである．また，バニリン酸はフェルラ酸から熟成中に4-ビニルグアイアコールを経由してバニリン，バニリン酸となり，やはり熟成中にエチルエステル化されてバニリン酸エチルになると考えられる[26]．

前述したように，みりんが清酒醸造と基本的に異なる点は，酵母による発酵工程を持たないことにある．清酒は他の酒類と同様に酵母による発酵工程を有し，これが清酒の香気の主体となるが，みりんはもち米由来の香気成分が重要であり，それは麹の持つ各種分解酵素の作用によって前駆物質が醪中に遊離して，熟成によってエステル化などの反応が起こり，香気成分となるのである．

一方，製麹中に米麹内に蓄積された各種糖類，アミノ酸や乳酸，クエン酸などの有機酸，麹香と呼ばれる香気成分，さらには麹菌以外の麹中に存在する酵母や細菌の代謝産物は，熟成中にみりん醪より抽出される．また，麹菌は焼酎の高いアルコール濃度のため死滅し，その菌体は自己消化することで各種の細胞成分が低分子化してみりんに移行し，醸造物特有の風味の形成に関与する．なお，麹菌体の乾物当たりの構成成分は，細胞の中身を構成するタンパク質が約50%，核酸が約6%，細胞壁を構成する糖分が約16%，アミノ酸が約5%で，その他にも脂肪が約8%含まれる．麹菌の自己消化においては核酸が最も分解されやすく，90%程度にまで達する．また，タンパク質は75%，糖分は20%程度分解される[27]．さらに，麹の自己消化によって生成されるアミノ酸の量は，みりんの全アミノ酸の15～30%に及んでいる．熟成工程では，米麹の酵素群が各種の物質を生成する働きと並行して，生

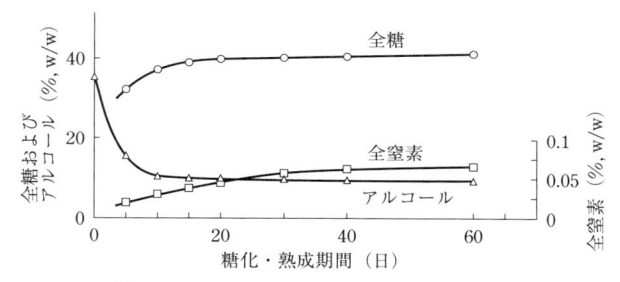

図3.4 糖化・熟成における醪液部の全糖，全窒素およびアルコール濃度の経時変化[28]

成した物質間で化学的，物理的な複雑な反応が起こる．pH 5〜6のアルコール溶液中で43〜47%もの高い糖分の生成と蓄積が並行して行われるので，酵素が関与しない糖とアミノ酸のアミノ-カルボニル反応やエステル化反応が起こりやすい．また，水和によってアルコールの刺激的な風味が丸くなる．このように醪の中で起きている物質間の反応や変化によって，みりんは特有な風味を呈する．

仕込み後は，糖化・熟成日数が20日程度で全糖やアルコール分はほぼ一定になり（図3.4），基質のデンプン利用も一定となり，米麹の酵素による分解反応や，米麹成分の溶解は完了して糖化工程がほぼ終わるが，穏やかな酵素反応はまだ進行し，全窒素量やアミノ酸量は増加を続ける[28]．続く20〜30日の間は酵素反応とアミノ-カルボニル反応やエステル化などの非酵素反応が並行して起こり，30日以降は生成された各種物質間の化学的，物理的な変化が主で，熟成工程となる[29]．表3.12に糖化・熟成時に生成する非還元性糖関連物質の経時変化を示す．米麹中のトレハ

表3.12 みりんの糖化・熟成日数と非還元性糖関連物質[29]

熟成日数（日）	15	22	30	60
グリセロール	47	49	52	57
エリスリトール	36	38	39	43
アラビトール	18	19	18	18
マンニトール	15	16	20	36
α,α-トレハロース	120	155	209	347
α,β-トレハロース	25	12	43	68
エチル α-D-グルコシド	35	33	39	64

単位：mg%.

ラーゼ（α,α-トレハロースを加水分解する酵素）の逆作用により2分子のグルコースが縮合して生成するα,α-トレハロースは糖化・熟成30日以降も増加しており，トレハラーゼ活性が長期間残存していることを示している．コク味に関与する糖アルコールは米麹中からの溶出により，また，苦味や濃厚味に影響するエチル-α-D-グルコシドはグルコースとエタノールとの脱水縮合によって生成すると考えられている[30]．

また，醪のpHは5～6と醸造物としては比較的高く，グルコースを主とする直接還元糖も多いため，グルコースとアミノ化合物の反応が容易に進み，着色，褐変が進行するが，色相は明るく，いわゆる黄金色となり，極端な過熱とならない限り褐色～黒褐色にはならない．また，みりん香気の重要な成分であるアセトアルデヒド，プロピオンアルデヒド，イソブチルアルデヒド，イソバレルアルデヒドなどの揮発性カルボニル化合物も熟成によって蓄積されていく．

醪を十分に糖化・熟成したみりんはアルコールの刺激臭も低

く，麹香も丸くなり，香味がまろやかになるとともに，みりん特有の風味・色調を示す．

3.3.6 圧搾・滓下げ・ろ過

　糖化・熟成工程を終えた醪は圧搾して固液分離され，みりん原液とみりん粕になる．みりん原液は火入れ（加熱殺菌）して，冷却後滓下げ工程に入る．滓下げ工程では，未分解のデンプンを自然に沈降させて除き，未分解タンパク質は活性グルテンを主とした滓下げ剤と柿渋タンニンを結合させて大きなフロック（沈殿物の集合体）を形成させ，その中に閉じ込めて取り除き清澄させる．みりんは粘稠なため，滓下げ剤を混合した後，十分に攪拌し，滓を時間をかけて沈降させる必要がある．また，雑味を除いたり，色度を調整するために活性炭を使用する場合もあるが，うま味成分などが減るので調味料としてのみりんにはあまり使用しない．副産物のみりん粕は「こぼれ梅」とも呼ばれ，古くは縁日などでも見かけられたが，今ではみりん粕の生成が減少し，菓子や漬物用原料などとして使われているだけである．それは圧搾装置が改良されて，みりんの回収率が向上したことに起因することにもよる．

　一般にろ過工程は2段階あり，第1段階のろ過は珪藻土と綿布をろ体としたもので荒ろ過する．この段階ですでにほとんど透明な状態になる．そして，第2段階のろ過では孔径0.5mmのペーパーフィルターなどをろ過機として処理をすると，みりんは透明度が増し，てりが出てくる．滓下げ・ろ過工程は，普通は約10

日間かけて行われるが，温度が低いと滓の沈降が遅く日数がかかる．滓下げ・ろ過されたみりんは加熱殺菌され，冷却後，再度ろ過をしたうえでタンク貯蔵される．そして，瓶詰め工程の直前にもう一度加熱殺菌，冷却を行い，容器に詰められ製品が完成する．

参 考 文 献

1) 麻生　清，渡辺敏幸，渡部一穂：醗工，**37**，145（1959）
2) Uchida and Oka：*J. Ferment. Technol.*，**61**，13（1983）
3) 葦沢　聡他：特許　昭60-2026
4) 大久保，他：特許　昭57-39624．
5) 竹内五男他：特許　昭46-37878．
6) 岩野君夫他：醸協，**84**，259（1989）
7) Oyasiki *et. al.*：*J. Ferment. Bioeng.*，**67**，163（1989）
8) 菅野，他：醸協，**77**，333（1982）
9) 中村，他：醸協，**68**，191（1973）
10) 高山卓美他：醸協，**88**，895（1993）
11) Nunokawa, Siinoki and Hirotsune：*J. Brew. Soc. Japan*，**77**，23（1982）
12) Oyasiki *et al.*：*J. Ferment. Technical*，**66**，333（1988）
13) 井上　浩他：醸協，**55**，713（1960）
14) 原田倫夫，山上昌弘：特開　平7-231774．
15) 高倉，嶋村，河辺：特開　平11-308988．
16) 久留島俊通，小穴富司雄：特公　昭37-003540．
17) Uchida *et al.*：*J. Ferment. Technol.*，**61**，127（1983）
18) 本堂正明他：日食工，**48**，361（2001）
19) 山下　勝：醸協，**69**，208（1974）
20) 野白喜久雄他：改訂醸造学，p.40，講談社（1993）
21) 山下　勝他：農化，**41**，（1967）

22) 山下　勝他：醸協, **76**, 838 (1981)
23) 高山卓美他：醸協, **91**, 817 (1996)
24) 布川弥太郎：醸協, **76**, 655 (1981)
25) 深谷伊知男他：醸協, **78**, 552 (1983)
26) 小関卓也：*Foods Food Ingredients J.*, **195**, 24 (2001)
27) Arima, Uozumi and Takahashi：*Agr. Biol. Chem.*, **29**, 1033 (1965)
28) 森田日出男：調味料，香辛料の事典, p.311, 朝倉書店 (1991)
29) 森田日出男：食品の熟成, p.205　光琳 (1984)
30) 佐藤，大場，小林：醸協, **77**, 393 (1982)

（**森田日出男**）

4章 みりんの成分

4.1 一般成分

みりんは日本特有の酒類であり，14%程度のアルコール，多種類のアミノ酸やペプチド，有機酸，香気成分，さらに他の酒類と比べ非常に多量の糖分（45〜48%程度）を含んでいる（表4.1）[1]．したがって，みりんは醸造によって得られた香味を有する酒類および甘味調味料と位置付けることができる．

もち米，米麹，焼酎またはアルコールを主原料とするみりんは酵母によるアルコール発酵がない．長期間，高濃度のアルコールの存在下で，もち米基質の分解，米麹の代謝物の抽出，麹菌の自己消化，生成物質間の非酵素反応などが起こり，さらに2次物質などが生成する．また，みりん醪中のpHは5.0〜6.0と酒類としては高く，醪中に45〜48%という高い糖分が蓄積しているため，

表4.1 みりんの一般成分

	pH	アルコール(%)	酸度*(ml)	フォルモール態窒素(mg%)	全窒素(mg%)	直接還元糖(g%)	全糖(g%)
みりんA	5.4	13.7	0.5	26.9	71.0	41.8	46.5
みりんB	5.3	14.3	0.6	28.1	78.0	37.5	44.3
みりんC	5.6	13.9	0.7	35.6	111.2	43.5	45.5

* 0.1N NaOH ml/10ml.

糖やアミノ酸の非酵素的酸化分解が起こりやすく，熟成期間中のエステル化や糖，アルコール，水などの分子会合などによってみりん特有の香味が形成される．

みりんに含まれる直接還元糖（直糖）は主としてグルコース（ブドウ糖）の量を示しており，全糖は直糖とデンプンが分解する際の中間生成物であるデキストリンとの合計量を表している．このデキストリンはさらに分解されればマルトースやグルコースになる．

フォルモール態窒素はアミノ酸量と関係しており，この数値が高いほど，アミノ酸が多く，うま味が強くなる．また全窒素とは，アミノ酸とタンパク質の分解途中のペプチドやその他の窒素化合物の全量を示し，この数値が大きいほどうま味が強く，同時に呈味に幅があることを示している．

また，米麹や原料もち米の分解などによって乳酸，コハク酸，クエン酸などの有機酸が生成し，これら有機酸がみりんの甘さを引き締めたり，味のまとめ役を果たしている．酸の強さは酸度で表す．

さらに，みりんに存在する14%程度のアルコールは製造中の防腐効果の役目もあるが，それ以上に糖化・熟成期間中に有機酸やアルデヒドと反応してエチルエステル類やアセタール類を生成させて，みりんの香気に大きく関与する重要な役目を担っている．一般にアルコール濃度が高いと刺激的な味を呈するが，みりんのように長期間にわたって熟成すると丸い味になる．これはアルコールが水と，弱い水素結合でクラスターを形成するためと考

えられている[2]．また，このアルコールはジャガイモの煮崩れ防止や肉の可溶性成分の溶出の抑制，素材の生臭みを除くなど様々な調理効果を有している[3,4]．

みりんの色は主に糖とアミノ酸のアミノ-カルボニル反応によるメラノイジン系色素と，糖のカラメル化による色素からなっている．この色はみりん醸造中および製品化後にも生成されるもので，いわば熟成の賜物である．この反応は酵素の関与なしに行われるところから，非酵素的化学反応とも呼ばれ，こはく色から褐色へと変化する．高温貯蔵や紫外線照射によらない限り，色の変化に伴う大きな品質の変化は見られない．みりんを十分に糖化・熟成させると麹香も丸く，荒い香味は消え，濃厚な味を呈するようになる．さらに消臭などの調理効果も向上し，品質的には好適である．ところが，熟成が進むと同時に一連のアミノ-カルボニル反応が進行し，メラノイジン系色素が増加し褐変化が進行する．消費者にとって褐変が進んだ赤褐色のみりんは，古い，質が悪いと判断される場合が多いようである．製造メーカーでは品質の良い，こはく色や黄金色を呈するみりんを製造する努力がなされている．

現在，みりん中に確認できている成分を組み合わせて合成しても，決してみりんと全く同じ機能や性質は再現できない．これは醸造物一般に認められることであり，このような事実により，量的に閾値にない成分が，味覚に影響を及ぼす非常に重要な成分になっていると考えられる．

4.2 糖および糖関連物質

みりんの製造には酵母を使って糖からアルコールを発酵する工程がない．したがって，みりんの糖は，米麹の諸酵素（α-アミラーゼ，プロテアーゼ，グルコアミラーゼ，トランスグルコシダーゼなど）の働きにより生成するもち米デンプン由来のものに加え，米麹を製造する際に蓄積された糖によって構成されている．

みりんは比較的高濃度のアルコール存在下で醸造されるので，この糖化・熟成工程で，米由来成分や糖質原料が米麹の諸酵素により溶解し，低分子化される．さらに酵素作用や低分子間どうしの非酵素的反応が起こり，みりんの糖類が形成されていくことになる．

みりんの醪工程前半は，原料が米麹の諸酵素や，添加された酵素剤のα-アミラーゼによりデンプンが加水分解され，オリゴ糖が主に生成する．グルコアミラーゼは，デンプンのグルコース残基の還元末端から加水分解してグルコースを生成する．

デンプンは単糖類のグルコース分子が数千個以上結合したもので，デンプン自体に甘味は感じない．グルコースの結合数の少ないものをオリゴ糖，また10個以上結合した高分子のものをデキストリン，または低分子オリゴ糖，高分子オリゴ糖という．甘味の強さから見れば，一般的には単糖類が一番強く，グルコース分子が4個，5個と結合するに従い甘味は低く感じられるようになる．つまり，単糖類のグルコースの結合数が多いほど，甘味を感じなくなる．

みりんの醪工程後半は、α-アミラーゼの作用によりオリゴ糖が増え還元末端が増加するので、グルコースも盛んに生成される。一方、生成したオリゴ糖にトランスグルコシダーゼが作用して糖転移反応も盛んになる。その結果、α1→6結合を含むイソマルトースやイソマルトトリオースを生成する。このα1→6結合を含む糖類は、デンプン由来のものもある。α1→6結合はα1→4結合に比べてグルコアミラーゼによる分解を受けにくく、イソマルトースやイソマルトトリオースはみりん中に残存することになる。

甘味度の比較は、通常、スクロース（ショ糖）を基準としている。しかし、甘味の強さと甘味の質は糖の種類によって異なる。糖類には甘味比率として、フルクトース：スクロース：グルコース＝4：3：2の値が一般的に知られており、みりんの甘味度はスクロースより低いことと一致する[2]。

これらみりんの低分子および高分子の糖類は、スクロースに比べ、食材におけるてり・つやの生成に優れ、上品な甘味の付与、焼き色の付与および香気成分の前駆物質としての役割があげられる。また、酒税法では、グルコースや水あめの使用が認められているので、これらを使用した場合、これら糖類由来の甘味もある。

みりん中の糖分は直糖として38～44%、全糖として45～48%であり、糖の分解度（直糖/全糖）は70～90%である。みりんの糖主成分であるグルコースの甘味度はスクロースと比較して低いが、濃度が高くなるに従い、甘味度が濃度比以上に高くなり、ま

た,その甘味の質が変わらない[2].みりんの糖度が非常に高いにもかかわらず,異和感のある甘味を感じないのもこのためである.

さらに,みりん中に含まれるおよそ45%もの高濃度の糖分は,高い浸透圧で雑菌の繁殖を抑える働きをしている.この糖分の80〜90%がグルコースであり,そのほかに二糖のコウジビオース,ニゲロース,マルトース,三糖のパノース,イソマルトトリオース,トレハロース,五糖のキシロースと,さらに多くのグルコース分子が結合したオリゴ糖より構成されている(表4.2)[5].これらオリゴ糖は,単一で穏やかで上品な深みのある甘味を呈するものもあれば,時としてほとんど甘味を示さないものや,甘味ではなく苦味を呈するものもあるが,みりんに独特の濃厚感を与える一助となっている.これらは,主にトランスグルコシダーゼの働きに左右され,みりん醸造における米麹の意義の1つがここに認められる.

表4.2 みりんの糖組成 (%)

	市販みりん			
	A	B	C	D
ペントース	—	—	—	0.78
グルコース	87.5	81.3	82.8	87.70
ニゲロース	0.98	1.02	0.96	0.85
コウジビオース+マルトース	1.83	2.10	1.01	2.51
イソマルトース	6.12	5.97	6.05	6.64
パノース	0.86	2.53	1.54	0.90
イソマルトトリオース	0.65	1.48	1.51	0.47
高分子オリゴ糖	2.02	5.63	6.15	0.23

また，みりんにはこのほかにもグリセロール，エリスリトールなどの糖アルコール，苦味や甘味を併せ持つエチル α-D-グルコシドなどの数多くの非還元性糖が存在することが確認されており，複合的に呈味閾値に達して甘味に幅を与えているものと考えられる[2]．また，みりん中に糖アルコールを高生産させると，甘味を保持したままみりん中のグルコース含量を減らすことが可能となる．みりんには冬期寒冷地で，容器の底部に白色の結晶が析出する寒冷晶出現象がある．析出成分はグルコースで，通常，みりんではグルコース濃度を38%以下に抑えれば，ほとんど寒冷晶出は防止できる[6]．これには焼酎用麹菌やトランスグルコシダーゼを使用して，グルコース濃度を下げる方法が検討された[7,8]．糖アルコールで甘味を保持しながらグルコース含量を低減させると，これらの寒冷晶出を防止することが可能となり，さらに経時着色を抑制することもできる．

これら以外にも，みりん中の非還元性糖関連物質として，米麹中のトレハラーゼの逆作用による2分子のグルコースとアルコールの縮合から生成する α,α-トレハロース，α,β-トレハロースも確認されている（3章，表3.12参照）[9]．

4.3 窒素化合物（アミノ酸・ペプチド）

みりんに含まれている窒素成分は原料米タンパク質，米麹の酵素タンパク質，麹菌の自己消化物，さらには原料米中の核酸系物質に由来すると考えられ，これらの基質が麹のプロテアーゼやカ

ルボキシペプチダーゼの作用により低分子のペプチドやアミノ酸に分解される．特に原料米タンパク質が分解されて生成したものが主体であるが，麹米であるうるち米は醪中での溶解度が悪く，その使用量も少ないことから，窒素成分への寄与率は低い．みりんの遊離アミノ酸量は概ね15〜25mg%程度であり，比較的多く含まれるアミノ酸としてはグルタミン酸，アスパラギン酸，アラニン，ロイシン，アルギニンがあげられる（表4.3）[10]．市販みりん中の総窒素は0.03〜0.1%程度であり，アミノ酸以外の窒素化合物については定量的に把握されていない．

表4.3 市販みりんのアミノ酸組成

	A		B		C	
	量 (mg%)	分布 (%)	量 (mg%)	分布 (%)	量 (mg%)	分布 (%)
Lys	18.56	5.4	16.98	5.3	7.86	4.8
His	10.57	3.1	8.44	2.6	3.71	2.3
Arg	34.33	10.1	29.88	9.3	12.66	7.8
Asp	25.85	7.6	27.31	8.5	11.15	6.9
Thr*	21.05	6.2	19.39	6.0	6.50	4.0
Ser	21.74	6.4	19.99	6.2	7.70	4.7
Glu	39.04	11.4	41.83	13.0	52.93	32.6
Pro	7.41	2.2	7.28	2.3	3.29	2.0
Gly	14.53	4.3	14.16	4.4	5.07	3.1
Ala	22.18	6.5	23.47	7.3	9.79	6.0
Val	20.83	6.1	20.08	6.2	6.46	4.0
Met	8.24	2.4	7.44	2.3	3.29	2.0
I Le	16.58	4.9	16.05	5.0	5.53	3.3
Leu	36.60	10.7	30.68	9.5	11.09	6.8
Tyr	22.15	6.5	20.00	6.2	9.15	5.6
Phe	21.20	6.2	18.91	5.9	6.44	4.0
合計	340.86	—	321.89	—	162.62	—

* $Glu-NH_2$を含む．

4.3 窒素化合物（アミノ酸・ペプチド）

なお，みりんの遊離アミノ酸は製品貯蔵中に減少する．例えば，40℃および50℃で120日間貯蔵すると，遊離アミノ酸の残存率はそれぞれ75%，69%となり，特に含硫アミノ酸，塩基性アミノ酸やグルタミン酸が著しく減少するとの実験結果が得られている（表4.4）[11]．また，ペプチドは全窒素成分の30～50%を占めると推定されている．みりん中のペプチドについては未知の部分が多いが，中酸性ペプチドについてはアミノ酸残基数が2～3のものは比較的少なく，それ以上のものが多いことがわかっている（表

表4.4 120日間貯蔵みりんのアミノ酸の変化

	5℃	20℃		30℃		40℃		50℃	
	mg%	mg%	残存率	mg%	残存率	mg%	残存率	mg%	残存率
Trp	+	+	-%	+	-%	+	-%	+	-%
Lys	12.6	11.5	91.3	9.6	76.2	6.9	54.8	5.0	39.8
His	+	+	-	+	-	+	-	+	-
Arg	22.5	21.1	93.8	17.9	79.6	7.9	35.1	4.5	19.8
Asp	16.2	16.2	100.0	16.3	100.6	16.9	104.3	13.7	84.4
Thr*	10.0	7.7	77.0	8.5	85.0	6.8	68.0	5.7	57.0
Ser	12.4	12.9	104.0	13.2	106.5	12.2	98.4	9.5	77.0
Glu	20.0	19.7	98.5	19.0	95.0	10.7	53.5	5.0	25.2
Pro	7.6	7.6	100.0	7.6	100.0	8.9	117.1	7.2	94.4
Gly	8.6	8.4	97.7	8.4	97.7	7.3	84.9	5.8	60.0
Ala	14.5	13.9	95.9	14.0	96.6	13.4	92.4	12.9	89.4
Cys	+	+	-	+	-	-	-	-	-
Val	12.9	12.3	95.3	11.3	87.6	11.4	88.4	10.8	83.7
Met	7.4	6.6	89.2	5.8	78.4	+	-	+	-
I Le	8.0	7.9	98.8	8.0	100.0	7.3	91.3	6.6	82.0
Leu	19.1	18.6	97.4	18.4	96.3	16.1	84.3	13.3	69.6
Tyr	11.1	10.3	92.8	10.4	93.4	8.6	77.5	7.4	66.4
Phe	11.6	12.9	111.2	12.4	106.9	11.3	97.4	9.1	78.3
合計	194.5	187.6	96.5	180.8	93.0	145.7	74.9	116.5	59.9

表4.5 みりんのペプチド類

アラニル・セリン	(Ala-Ser)
アラニル・グリシン	(Ala-Gly)
アラニル・アラニン	(Ala-Ala)
グリシル・セリン	(Gly-Ser)
グリシル・グリシン	(Gly-Gly)
グリシル・アラニン	(Gly-Ala)
グリシル・ロイシン	(Gly-Leu)
セリル・セリン	(Ser-Ser)
セリル・グリシン	(Ser-Gly)
セリル・アラニン	(Ser-Ala)

4.5)[12]．

このようなアミノ酸，ペプチドには，上品なうま味の付与，塩味や酸味の緩和作用などの調理効果がある．みりんのアミノ酸量は醬油の1/20程度で，閾値以上に存在するアミノ酸としてはグルタミン酸など2，3にすぎない．多種類でバランスのあるアミノ酸や，アミノ酸の30〜50％存在すると推定されるペプチドは，その呈味性，緩衝能からみりんに味の濃厚さ，幅を与える役割を果たしている．また，煮たり焼いたりして濃縮されると呈味性がさらに向上する．一般的な調理において，醬油とみりんが併用される場合は，みりんの20倍程度のアミノ酸量を有する醬油に支配されるが，醬油を使用しない場合は，みりんに含まれるアミノ酸やペプチドがアミノ-カルボニル反応などの前駆物質として，てり・つやや，焼き色や焙焼香気に影響する．

4.4 有機酸類

みりんのpHは5.0〜6.0で，酸度は0.2〜1.0mlを示す．また，みりんには酵母による発酵工程がないので，みりんに含まれる有機酸のほとんどがもち米，米麹に由来し，主に製麹中に *Asp. oryzae* や乳酸菌により生成する．

4.4 有機酸類

表4.6 市販みりんの有機酸含量

有機酸	みりんA 含量 (mg/100ml)	組織 (%)	みりんB 含量 (mg/100ml)	組織 (%)
乳酸	30.96	45.61	44.13	53.00
クエン酸	14.85	21.86	15.46	18.57
ピログルタミン酸	10.95	16.13	11.40	13.69
リンゴ酸	3.13	4.61	3.48	4.18
グリコール酸	2.62	3.86	2.30	2.76
フマル酸	2.47	3.63	2.48	2.98
コハク酸	1.98	2.92	2.75	3.30
マロン酸	0.92	1.36	1.25	1.50
合計	67.88		83.25	

みりんには乳酸をはじめ，クエン酸，リンゴ酸，コハク酸，フマル酸などの有機酸が含まれている（表4.6）[13]．最も多い乳酸については，原料米中には微量で，米麹中の含有量にはバラツキが多く醸造場によって異なることから，製麹中に生酸菌の増殖によって生成されると考えられている．なお，米麹の有機酸は乾物当たり140～160mg%とされ，クエン酸，コハク酸，リンゴ酸，フマル酸のTCAサイクルに属するものは *Asp. oryzae* の代謝により生成し，乳酸，酢酸，グリコール酸などは主に細菌によって生成される．

また，フェルラ酸，コーヒー酸，バニリン酸，フェニル酢酸，安息香酸など芳香族カルボン酸やオレイン酸，リノール酸，パルチミン酸，ミリスチン酸などの高級脂肪酸も存在するが，呈味に影響するほどの量は含まれていない（表4.7）[2]．これら各種の有機酸は，量的には少なく，1つ1つの含有量では呈味閾値に達し

表4.7 みりん中に確認された他の有機酸類

酢酸, プロピオン酸, イソ酢酸, 酪酸, イソ吉草酸, 吉草酸, カプロン酸, ミリスチン酸, パルチミン酸, ステアリン酸, オレイン酸, リノール酸, リノレン酸, 安息香酸, p-オキシ安息香酸, フェニル酢酸, p-オキシフェニル酢酸, プロトカテク酸, コーヒー酸, フェルラ酸, バニリン酸

ないものの, その総和では特有の複雑な味を醸し出し, 甘味を引き締め, 丸くしたりする効用がある. また, 醸熟成中の有機酸の増減はあまり顕著でないが, グルタミンやグルタミン酸が非酵素的に変化して生成されるピログルタミン酸は著しく増加する.

4.5 香気成分

みりんの製造工程中には酵母によるアルコール発酵がないこと, 原料もち米が米麹により分解され, 45～48%もの高い糖分が蓄積されること, みりん醪のpHが5.0～6.0と比較的高く, 糖とアミノ酸とのアミノ-カルボニル反応やストレッカー分解などの非酵素的反応が進みやすいこと, そして米麹中の成分がみりん中に抽出されることなど, みりんが持つ香気成分はみりん特有の製造方法に起因している.

表4.8にみりん中の主な香気成分を示す[1]. みりんの香気成分は原料のもち米に由来するもの, 麹の代謝に由来するもの, および糖化・熟成中の非酵素的化学反応によるものに大別される.

比較的多く含まれるカルボニル化合物は, アミノ酸のストレッカー分解を主体に, 米麹の代謝や糖の分解, さらには脂肪酸の酸

4.5 香気成分

表4.8 みりんの香気成分

分類	成分
アルコール類	エタノール,1-プロパノール,イソブチルアルコール,1-ブタノール,イソアミルアルコール,フェニルエタノール,ベンジルアルコール,メタノール
エステル類	酢酸エチル,プロピオン酸エチル,カプロン酸エチル,ミリスチン酸エチル,イソセチン酸エチル,パルチミン酸エチル,ステアリン酸エチル,オレイン酸エチル,リノール酸エチル,乳酸エチル,シュウ酸エチル,マロン酸エチル,フマル酸エチル,コハク酸エチル,フランカルボン酸エチル,2-ヒドロキシメチル-5-フランカルボン酸エチル,安息香酸エチル,フェニル酢酸エチル,バニリン酸エチル,プロトカテク酸エチル,ケイ皮酸エチル,フェルラ酸エチル,p-ヒドロキシフェニル酢酸エチル
カルボニル化合物	アセトアルデヒド,プロピオンアルデヒド,イソブチルアルデヒド,ブチルアルデヒド,イソバレルアルデヒド,バレルアルデヒド,ヘキサナール,アセトン,メチルエチルケトン,ジエチルケトン,ジアセチル,クロトンアルデヒド,フルフラール,ベンズアルデヒド,アセトフェノン,バニリン,3-デオキシグルコソン,2-アセチルピロール

化によっても生成する.また,エステル類はアルコールと有機酸が熟成中に反応して生成するものであるが,なかでも,比較的沸点が高いフェルラ酸エチル,フェニル酢酸エチル,バニリン酸エチルなどは,みりんに特徴的な重厚な香りの形成に大きく寄与している.

なお,同じ米,米麹を原料として造る清酒とみりんの香気の違いは,成分的に見れば,フェノール化合物の差によるものと考えられている.例えば,清酒では米中のフェノール配糖体が米麹によって分解されフェノールカルボン酸になり,さらに酵母によっ

てグアイアコール類が生成する．一方，みりんでは酵母による発酵工程がないため，フェノールカルボン酸が熟成中にエタノールと反応してフェノールカルボン酸エチルになる．

また，みりんの熟成中には，揮発性カルボニル化合物が増加し，それらはさらにエタノールと反応してアセタール類を生成する．アセトアルデヒド，プロピオンアルデヒドなどのアセタール類は甘い特有の香気を有し，みりんの熟成香として重要なものだと考えられている．なお，表4.8の化合物以外に，揮発性脂肪酸や揮発性アミン類の存在も確認されている[14]．

みりんの香気は，高いアルコール濃度の中で原料もち米を米麹で糖化・熟成して醸造されるので，アミノ酸の非酵素的酸化分解，米麹の代謝などによって生成される様々なカルボニル化合物が，熟成中にアルコールと反応してアセタールを生成することによる．

このように，種々の香り成分はみりん特有の醸造条件下で生成され，また，二次的に作用して特有のバランスを保ちながらみりんの香りを醸し出す．

4.5.1 アルコール類[14]

芳香族アルコールは花に似た甘い芳香を呈す．脂肪族アルコールは発酵臭を呈するが，エタノールを含めたアルコール類は，エステル類の前駆物質としてみりんの香気に寄与するところが大きい．

アルコールは14％のエタノール以外に，2-フェニルエタノール，

ベンジルアルコール，1-プロパノール，イソブチルアルコール，イソアミルアルコールなどの存在が認められており，また，メタノールおよび痕跡量の1-ブタノールも検出されている．さらに，キャピラリーガスクロマトグラフィーによる高分離分析で，2-ブタノール，1-ペンタノール，1-ヘキサノール，2-エチル-1-ヘキサノール，フルフリルアルコールの存在が確認されている．いずれも量的に少なく定量的な検討はなされていない．なお，原料アルコールとして乙類焼酎を一部使用しているみりん中には，1-プロパノール，イソブチルアルコール，イソペンチルアルコールなどが多い．これらアルコールの大部分は酵母によるアルコール発酵の過程でアミノ酸から生成したもので，みりん原料の焼酎およびフーゼル油を比較的多く含有するアルコールに由来する．

4.5.2 エステル類[14]

　みりん中には原料アルコールあるいは焼酎由来の1-プロパノール，イソブチルアルコール，イソアミルアルコールなどが一部存在するが，エステルを構成するアルコールの主体はエタノールである．したがって，エチルエステルが主体となる．一方，有機酸の部分は，原料米の麹菌による代謝や抽出，あるいは米麹中の生酸菌の作用などにより生成する乳酸，コハク酸，フマル酸などが主体となる．それらの有機酸とエタノールによって生成する乳酸エチル，コハク酸エチル，シュウ酸エチル，マロン酸ジエチル，フマル酸エチルなどの有機酸エチルは発酵生成物である．

　みりんの揮発性エステルは酢酸エステルの存在が確認されてい

る．その他，乳酸エチル，コハク酸ジエチル，フランカルボン酸エチル，安息香酸エチル，フェニル酢酸エチル，ミリスチン酸エチル，パルチミン酸エチル，オレイン酸エチル，およびリノール酸エチルが比較的多量に含まれている．その他，p-ヒドロキシ安息香酸エチル，p-ヒドロキシフェニル酢酸エチル，リノレン酸エチル，ステアリン酸エチル，ペンタデカン酸エチル，ヘプタデカン酸エチルの存在が認められ，ケイ皮酸エチル，プロトカテク酸エチル，コーヒー酸エチルの存在が推定されている．揮発性脂肪酸エステルは，酢酸エチル以外にプロピオン酸エチル，カプロン酸エチルが存在する．また，ごく微量のギ酸エチル，酪酸エチル，イソ吉草酸エチル，酢酸イソアミルの存在が確認されている．

また，みりんの揮発酸としては酢酸が多く，プロピオン酸，イソ酪酸，酪酸，イソ吉草酸，吉草酸，カプロン酸は酢酸の1/40～1/100程度しか存在しない．したがって，みりんの揮発性脂肪酸エステルは酢酸エチルが主体となっている．

フランカルボン酸エチル，2-ヒドロキシメチル-5-フランカルボン酸エチルはフルフラール，5-ヒドロキシメチルフルフラールが熟成中に酸化し，さらにエステル化されて生成する．

高級脂肪酸エステルの構成酸の多くは，原料米中のグリセリドが麹菌のリパーゼの作用を受けて遊離したものであるが，一部は遊離脂肪酸として存在し，醪中に抽出されてエチルエステル化される．

芳香族エステルは，原料米中の糖フェノールなどの成分が米麹

によって分解して遊離のフェノールカルボン酸が生成し,高濃度のエタノール存在下での長期熟成によりエチルエステル化されて生成したものである.なお,大部分のエステルはみりん醪工程後半の熟成期間中に蓄積される.

この中で,比較的沸点の高いフェルラ酸エチル,フェニル酢酸エチル,バニリン酸エチルなどのエチルエステル群がみりんの重厚な香りに大きく関与する.

4.5.3 カルボニル化合物類[14]

みりんにはカルボニル化合物が比較的多く含まれる.みりんの揮発性化合物は,アミノ酸のストレッカー分解,米に由来する高級不飽和脂肪酸の分解,米麹の代謝および糖の分解などによって生じる.

アセトアルデヒドの一部は,製麹中に麹菌の代謝により生成するために醪初期からその存在を認められるが,多くのアルデヒド類はアミノ酸からの非酵素的酸化分解によって生じる.みりん醪のpHは5.0～6.0と比較的高く,グルコースを中心とする直糖も多いため,グルコースとアミノ化合物は,さらにα-アミノ酸とストレッカー分解を起こし,対応するアミノ酸の炭素数の1つ少ないアルデヒドを生成する.

また,みりんの調理効果の1つである消臭効果にもカルボニル化合物が寄与している.

4.6 その他の成分

4.6.1 着色成分

　みりんの色は味，香りとともに，みりんの商品価値を決める重要な因子である．みりん自身の着色は，原料として使用される蒸もち米や米麹から生成した種々の低分子成分がさらに化合したものと，米麹に由来する着色物質によるものがあり，その生成も酵素的なものと非酵素的なものの2通りが考えられる．

　みりんの着色は，カルボニル化合物が関与するアミノーカルボニル反応が主体である．特にメラノイジン系色素の寄与が大きく，新しいみりんに比べ古いみりんで顕著に増加する．みりんの着色は，鉄による着色よりも，貯蔵による褐変の影響の方が大きい．抗酸化剤のうち，メタ亜硫酸水素カリウムがみりんの着色防止に効果がある[15]．また，みりんの着色物質を分画，単離して構造決定した報告はない．

　醪の着色の現象については，醪の糖化・熟成の中・後期に醪上澄は徐々に着色が観察され，上槽液は黄金色を呈するようになる．したがって，みりんの醸造においては，この上品な黄金色を呈する上澄のできることが熟成の1つの指標となり，製造する側でもできる限り良い色（黄金色）を保持するように努力している．なお，精製工程では加熱殺菌により，酵素の関与する着色は防止され，非酵素的着色が進行することになる．

4.6.2 混濁物質

みりんは,調理時に加熱してアルコール分を飛ばして使用することがあり,これを「煮切る」といい,得られたみりんは「煮切りみりん」という.また,煮切る際に生ずる混濁物質を「煮切り」と称する.煮切りの本体は,もち米タンパク質のグロブリンとオリゼニンの,中性およびアルカリ性プロテアーゼによる部分分解物である[16].

みりんは,貯蔵中にも,しばしば煮切りが発生することがある.この煮切りは出来上がりの透明感を重視する料理にとっては不適当で,料理の上で欠点となる.このような理由で,煮切りによる混濁を防止することは,重要課題として取り上げられてきた.

このみりんの煮切りを検出する方法としては,みりんを加熱したり水やアルコールを添加して,混濁の有無で判断している.特に煮切りの防止および混濁物質の除去法についてはいろいろな角度から長年検討されてきた.煮切りには麹歩合(掛米に対する麹米の割合)が大きく関与しており,麹歩合が高いほど煮切りが生成しやすくなる[16].しかしながら,加圧釜や連続蒸煮缶を利用している工場では,もち米を加圧蒸煮してもち米のタンパク変性を行い,溶解性を下げ,さらに滓下げを行うことで煮切りを防止できる.この方法は煮切り防止効果は大きいが,蒸米が着色するので蒸煮条件などの注意が必要である.

その他のみりんの煮切り防止策として,① 原料処理で煮切りを変性させ,みりんに移行しないようにする,② 醸造工程で煮切りを分解する,③ 製品に煮切りが生じた場合,製品からこの

煮切りを除去すること，などがあり，多くの製造工程で煮切り混濁を防止，除去する技術が検討されている[16]．

4.6.3 みりん粕の成分

醪の糖化・熟成工程で，酵素により米粒中のデンプンやタンパク質の不溶物および上槽時に絞りきれなかったものがみりん粕である．表4.9にみりん粕の分析値を示す[17]．

みりん粕は上槽直後は白色であるが，次第に黄変して淡黄色を呈する．また，みりんの生産および品質管理の向上に伴い，みりんの安定化について種々検討されたが，副産物の粕は使用する原料や米麹の出来具合により成分の変動が大きくなる．

表4.9 みりん粕の分析値例

分 析 項 目	含 量 (w/w%)
揮発分（アルコール分，水分）	44.1
炭水化物	30.6
粗タンパク質	21.5
粗脂肪	2.8
その他	1.0

参 考 文 献

1) 河辺達也，森田日出男：醸協，**93**，863（1998）
2) （財）科学技術教育協会出版部編：本みりんの科学，p.50（財）科学技術教育協会（1984）
3) 髙倉 裕，河辺達也，森田日出男：調理科学，**33**，37（2000）
4) 髙倉 裕他：調理科学，**33**，178（2000）
5) 今井富雄他：醸協，**63**，80（1968）

6) 山下　勝：醸協, **87**, 792（1992）
7) 布川弥太郎, 岩野君夫, 稲葉哲典：醸協, **76**, 655（1981）
8) 深谷伊和夫他：醸協, **78**, 552（1981）
9) 佐藤　信監修：食品の熟成, p.205, 光琳（1984）
10) 井上　浩他：醸協, **57**, 68（1962）
11) 森田日出男, 山下陽子, 田辺　脩：醗工, **48**, 237（1970）
12) 森田日出男：微生物, **2**, 9（1986）
13) 中村精一, 竹内五男, 島田　潔：醸協, **60**, 447（1965）
14) 日本醸造協会：醸造物の成分, p.152（1999）
15) 佐藤　信, 高橋康次郎, 蓼沼　誠：醸協, **62**, 657（1967）
16) 山下　勝, 大橋徳昭, 前田和清：醸協, **76**, 838（1981）
17) 高山卓美, 大屋敷春夫：特開　平4-299970.

（**森田日出男・髙倉　裕**）

5章　みりんの調理効果

5.1　成分と調理効果

　みりんをはじめとする各種酒類(しゅるい)調味料が料理や加工食品に及ぼす効果としては，上品な甘味・うま味の付与や調味成分の浸透性向上などの味覚への働き，好ましい香り付けおよび嫌な臭いの抑制という嗅覚への働き，てり・つやや焼き色の付与などの視覚への働き，さらにはテクスチャーの改良や煮崩れ防止，防腐効果・抗酸化性付与といった働きもある．酒類調味料のこれらの調理効果については，料理のプロはもとより一般の主婦にも経験的に知られているところである．例えば，家庭の主婦を対象に酒類調味料を料理に使う理由を尋ねたアンケート結果[1]にも，主婦がただ何となく使うのではなく，目的に応じて調味料として酒類を使い分けている様子がよく現れている（表5.1）．それによると，みりんは料理をおいしく，甘く，そして，てり・つやよくきれいに仕上げることを主目的に使われていることがわかる．

　一方，最近では，このような様々な調理効果について，みりんのどの成分がどのように関与しているのか，ということの科学的な解明も進んできており，このことが，みりんをはじめとする酒類調味料のより有効な活用につながるものと思われる．

表5.1 酒類を調理に用いる理由（%）

効果	理由	みりん	清酒	料理用清酒	赤ブドウ酒	白ブドウ酒	シェリー酒	ラム酒	ブランデー
味	おいしくなる（コク，まるみ）	33	52	50	33	28	25	20	0
	甘くなる	16	3	17	0	5	0	0	0
香り	においがよくなる	2	13	0	32	24	63	50	50
状貌	てり・つやがよい	35	10	0	0	6	0	0	0
	仕上がりがきれい	10	3	8	0	0	0	0	0
物性	やわらかくなる	2	11	17	17	24	12	10	50
	口あたり，歯ざわりがよい	2	5	8	4	13	0	0	0
防腐	日持ちがよい	1	3	0	0	0	0	10	0
能率	料理の仕上がりが早い	0	0	0	14	0	0	0	0
	合計	100	100	100	100	100	100	100	100

5.2 アルコールの効果

みりんに約14%含まれるアルコール（エタノール）は，食材への調味成分の浸透性向上，テクスチャーの改良，煮崩れ防止，食材のエキス成分の溶出防止，悪臭の消去・改良，防腐・殺菌効果，呈香味の向上，などの調理効果を示す．

5.2.1 調味成分の浸透性向上

アルコールは水と混ざりあい，しかも分子が小さいために食材への浸透が速い．糖，アミノ酸，食塩や有機酸などの調味成分もアルコールが存在すると食材への移行が速くなり，味付けが速く均一に仕上がる．

表5.2は，15%アルコール溶液（エタノール系）または水に，グ

表5.2（a） 浸漬における糖およびエタノールの鯨肉への浸透度合

系		エタノール	揮発分含有率	真の水分含有率	糖	重量	揮発量	真の水分量	乾物量	乾物量−糖
			(%)				(g/生肉100g)			
対 照	水		75.22	75.22	0.04	82.46	62.03	62.03	20.43	20.39
	E	2.84	69.58	66.74	0.04	75.46	52.50	50.36	22.96	22.91
グルコース	水		74.26	74.26	1.93	82.69	61.41	61.41	21.28	19.68
	E	2.57	71.72	69.15	2.09	80.75	57.91	55.84	22.84	21.14
スクロース	水		73.56	73.56	0.88	83.21	61.23	61.23	22.01	21.28
	E	2.65	71.01	68.36	0.90	80.92	57.46	55.31	23.46	22.73

E：エタノール系（15％アルコール溶液）

表5.2（b） 加熱における糖およびエタノールの鯨肉への浸透度合

系		エタノール	揮発分含有率	真の水分含有率	糖	重量	揮発量	真の水分量	乾物量	乾物量−糖
			(%)				(g/生肉100g)			
対 照	水		61.98	61.93	0.02	53.50	33.16	33.16	20.34	20.33
	E	3.08	64.60	61.61	0.03	60.39	39.07	37.21	21.33	21.32
グルコース	水		61.34	61.34	1.84	55.53	34.06	34.06	21.47	20.45
	E	3.12	63.56	60.44	2.48	63.00	40.04	38.07	22.96	21.40
スクロース	水		60.80	60.80	1.69	56.62	34.42	34.42	22.20	21.24
	E	2.55	62.58	60.03	1.76	62.25	38.96	37.37	23.29	20.20

E：エタノール系（15％アルコール溶液）

ルコースあるいはスクロースを10％溶解し，これに鯨肉を26℃で30分間浸漬（a）した後加熱（b）して，糖の鯨肉への浸透度合を調べた結果である[2]．それによると，水系よりもエタノール系の方がグルコース，スクロースともに浸透量が多く，その差は肉を加熱するとより顕著になっている．なお，浸漬後のグルコースの浸透量はスクロースの2倍以上であるが，これは，アルコールの作用で変性した肉組織を，分子量の小さいグルコースは容易

に浸透することができるが,約2倍の分子量をもつスクロースの浸透は困難であることを示している.また,加熱によってスクロースの浸透量も倍増し,グルコースとの差が小さくなっているが,これは,加熱変性はアルコール変性よりも強力であるために,グルコースとスクロースの浸透量の差が観察されないことによる.

また,香気成分には非水溶性のものも多く,これらはアルコールに溶解し,食材へ移行しやすくなる.これらの浸透性の効果は肉類の下ごしらえにはよく利用されており,香味野菜や香辛料の香気成分の移行にも役立っている.

5.2.2 テクスチャー改良

酒類調味料を肉料理に使うと肉が柔らかく仕上がる.これには,アルコールが肉の保水性を高めていることが貢献している.

図5.1は,種々の濃度のアルコール溶液に浸漬して加熱した鯨肉の重量および硬さなどの物性値を測定した結果である[2].0.3%というごく薄い濃度でもアルコールが存在すると肉の保水性が高まり,柔らかくなることがわかる.なお,このようなアルコールの効果には,アルコールの沸点が水より低いことが関与している.例えば,15%アルコール溶液は90℃で沸騰し,沸騰後15分経過しても95℃にしかならない(図5.2)[3].

また,4成分系モデル液(グルコース10%,カザミノ酸1%,食塩6%,有機酸混合物0.5%)および,そこにアルコールを15%足した液に浸漬した鯨肉を190℃の鉄板上で焼き,アルコールの有無による重量などの測定値を比較したのが表5.3であるが,焼成時の

5.2 アルコールの効果

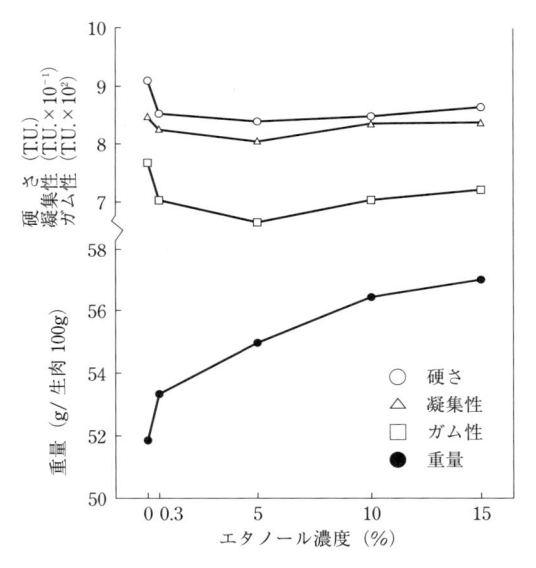

図5.1 浸漬後加熱の場合の肉の測定値に及ぼすエタノール濃度の影響

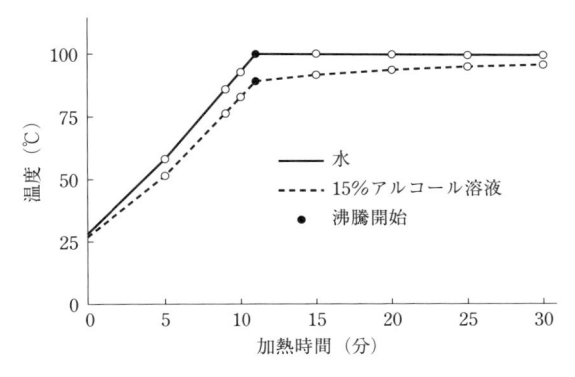

図5.2 直接加熱時の煮汁の温度変化

表5.3 4成分-水系および-エタノール系に浸漬した肉を焼いた場合の肉の測定値およびアルコール含量

		浸漬後肉			焼いた肉			加熱終了時の内部温度 (℃)
		重量 (g/生肉100g)	水分含有率 (%)	エタノール (%)	重量	水分量	乾物量	
					(g/生肉100g)			
浸漬肉[a]	4成分[b]-水系	100.50	78.30[d]			78.69	21.81	
	4成分-エタノール[c]系	100.35	77.82[d]	1.63		77.86	22.14	
アルミ箔固定法[e]	4成分-水系	107.41	64.93		69.80	45.10	24.70	63
	4成分-エタノール系	107.08	67.50	0.51	74.47	52.97	25.50	61
A 法[f]	4成分-水系	111.89	67.01		85.19	57.09	28.10	64
	4成分-エタノール系	111.73	67.67	0.61	88.23	59.71	28.52	61

a) 鯨肉試料 2×2×4cm, b) グルコース10%, カザミノ酸1%, 食塩6%, 有機酸0.5%(乳酸35%, コハク酸35%, リンゴ酸20%, クエン酸10%), c) アルコール濃度15%, d) 浸漬肉, e) 肉を縦にして二重のアルミ箔で包んで鉄板温度190℃で焼く, f) 肉をそのまま3分間焼き反転して3分間, 鉄板温度190℃で焼く.

肉の内部温度はアルコールを含む系の方が2℃(肉をアルミ箔で包んで焼いた場合)～3℃(アルミ箔で包まずに焼いた場合)低かった.浸漬肉の重量はアルコールの有無でほとんど差がなかったが,焼成後の肉の重量はアルコール系の方が3～5g近く重かった[4].アルコールは表面温度は同じでも内部温度を低く保ち,揮発性成分の減少が少ない状態で焼き上げる効果を持っていることがわかる.

5.2.3 煮崩れ防止

肉類の加熱調理の際,アルコールは肉内部への浸透が容易であり,熱による変性とともにアルコールによる緩やかなタンパク変性が肉内部にまで進行する.

5.2 アルコールの効果

0.7%アルコール溶液または水に5℃で17時間浸漬した後，200℃のサラダ油中で，15秒間加熱した豚肉の断面を電子顕微鏡で観察すると，アルコール溶液に浸漬した肉では筋繊維の形状が保持されている一方で，水浸漬の肉では筋繊維の崩壊が著しいことがわかった（図5.3 a, b）[5]．また，みりん5%溶液（アルコールを0.7%含有）と，煮切りみりん（みりんを加熱してアルコールを除去した後，水で元の容量に戻したもの）5%溶液に豚肉を浸漬，加熱した場合，みりん浸漬では肉の筋繊維の形状がきっちり保たれているが，煮切りみりん浸漬では，水浸漬よりはいくぶん繊維がしっ

(a) 0.7%アルコール溶液　　　　(b) 水

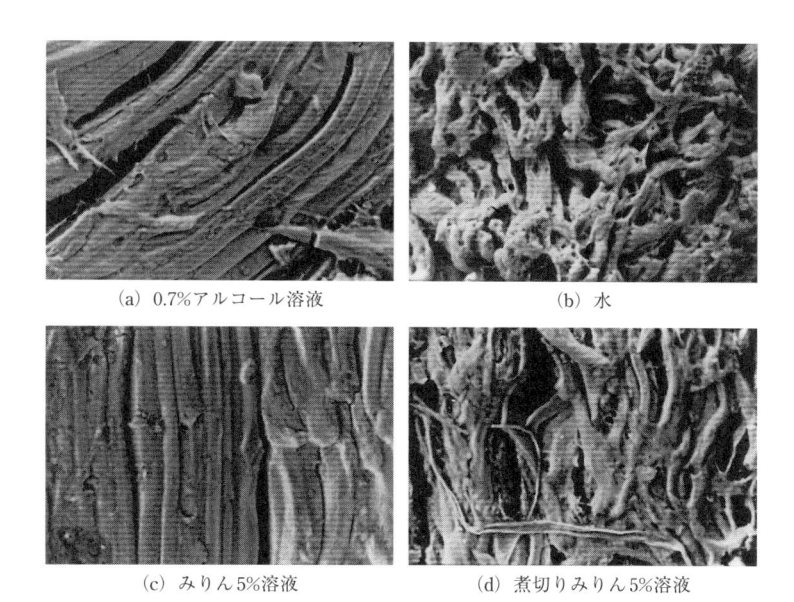

(c) みりん5%溶液　　　　(d) 煮切りみりん5%溶液

図5.3 浸漬，加熱調理後の豚肉切断面（×200）

かりしてはいるものの形が崩れていた（図5.3 c, d）．このように，肉類の形状保持にアルコールの寄与が非常に大きく，それは0.7%という低い濃度でも発揮されることがわかる．

なお，この電子顕微鏡観察はクールステージ付き低真空走査電子顕微鏡を使って行われたものであるが，この装置は，低真空ゆえに含水試料や含油試料を特別な前処理なしに観察できるというメリットがある[6]．さらに，試料ステージを－20℃程度の低温に制御することによって，より長時間にわたって水分の蒸発を防いだ状態での観察ができる[7]．すなわち，構造変化を受けやすい

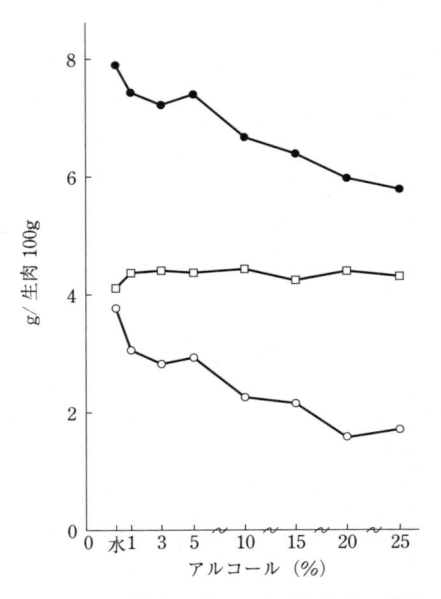

図5.4 アルコール濃度の違いによる加熱後の煮汁の不揮発性物質（●），固形分（○），可溶性物質（□）

5.2 アルコールの効果

生体試料の観察には非常に適した装置であるといえる．

また，種々の濃度のアルコール溶液中で鯨肉を10分間沸騰加熱した場合，アルコール濃度が高いほど煮汁中の固形分（ろ過によってろ紙上に残った不溶性固形分）が小さくなる，という実験結果が得られている（図5.4）[8]．このアルコールの効果は1%以下の低濃度でも発揮され，0.3%アルコール溶液の煮汁中の固形分量は，有意差検定でも水の場合に比べて有意に低い．この結果は，アルコールによって肉の表面のタンパク質などの崩壊が制御されていることを示すものである．

動物性タンパク質ばかりでなく植物性の食材の調理時にもアルコールが重量な役割を果たしている．例えば，ジャガイモを1〜15%のアルコール中で25分間加熱すると，水加熱に比較して，破断応力，破断エネルギー値が大きくなる．すなわち，破断の際

表5.4 加熱ジャガイモの定速圧縮破断特性値

圧縮速度 (mm/分)	アルコール 濃度 (%)	破断応力 ($\times 10^5 \mathrm{dyn/cm^2}$)	破断エネルギー ($\times 10^4 \mathrm{erg/cm^3}$)	破断ひずみ (cm/cm)
50	0	1.87 ± 0.33	1.16 ± 0.18	0.13
	1	1.90 ± 0.40	1.24 ± 0.22	0.12
	5	2.67 ± 0.54	1.61 ± 0.32	0.12
	15	3.89 ± 0.80	2.15 ± 0.31	0.12
200	0	1.65 ± 0.25	1.58 ± 0.27	0.18
	1	2.65 ± 0.63	2.13 ± 0.44	0.17
	5	2.61 ± 0.56	2.24 ± 0.31	0.17
	15	3.70 ± 0.72	3.42 ± 0.82	0.19
300	0	1.94 ± 0.31	1.84 ± 0.33	0.19
	1	2.25 ± 0.49	2.21 ± 0.48	0.19
	5	2.38 ± 0.54	2.36 ± 0.68	0.19
	15	4.62 ± 1.26	4.36 ± 1.15	0.19

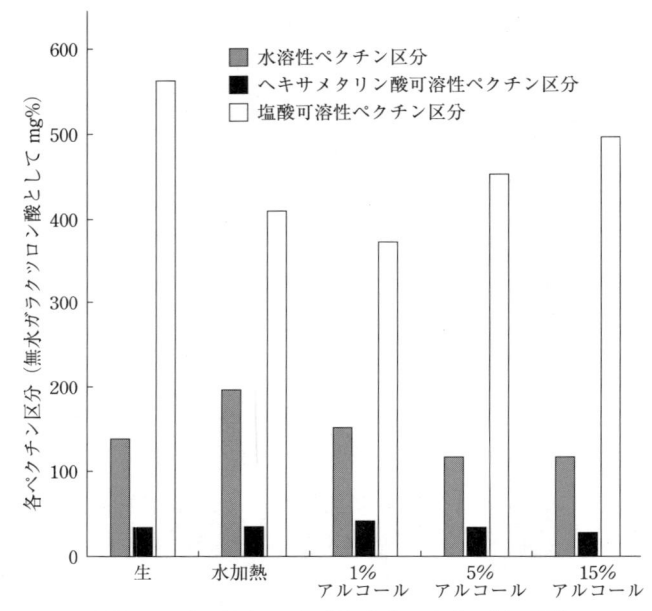

図 5.5 ジャガイモの加熱によるペクチン質の変化

凡例:
- 水溶性ペクチン区分
- ヘキサメタリン酸可溶性ペクチン区分
- 塩酸可溶性ペクチン区分

縦軸: 各ペクチン区分（無水ガラクツロン酸として mg%）
横軸: 生, 水加熱, 1%アルコール, 5%アルコール, 15%アルコール

の抵抗が増して壊れにくくなることがわかっている（表5.4）[9]．これは，ジャガイモの水分含量の低下や水溶性ペクチン区分の減少（ペクチンの不溶化，図5.5）によるものである．また，この時の煮汁中の不溶性固形分は，加熱中に試料の接触や衝突などによって生じたものと考えられるが，アルコールが1%存在するだけで半減しており（表5.5），アルコールの煮崩れ防止効果を示すものである．

ジャガイモに対するアルコールの作用を電子顕微鏡で観察した写真が図5.6および5.7である[10]．2.1%アルコール溶液に浸漬し

5.2 アルコールの効果

表5.5 加熱後煮汁の固形分,濁度,一般成分

アルコール濃度(%)	固形分(g/生100g)	濁度(500nm)	FN*(mg/生100g)	還元糖(mg/生100g)	酸度(ml)	pH
0	0.41	0.075	470	889	0.28	5.98
1	0.22	0.053	419	849	0.27	5.96
5	0.25	0.050	419	741	0.25	5.96
7.5	0.20	0.026	410	785	0.23	5.95
10	0.18	0.017	422	722	0.25	6.04
15	0.19	0.014	420	703	0.22	6.00

＊FN:フォルモール態窒素

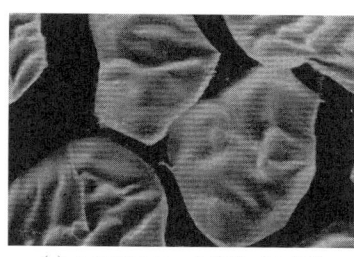

(a) 2.1%アルコール溶液 (×400)

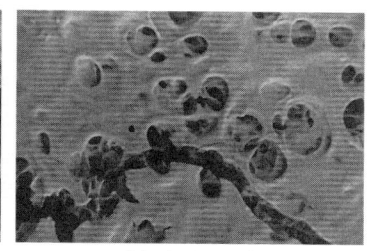

(b) 水 (×400)

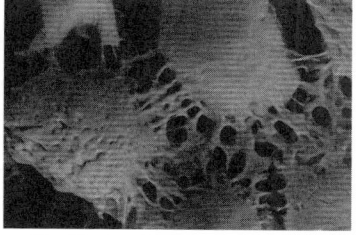

(c) みりん15%溶液 (×300)

(d) 煮切りみりん15%溶液 (×400)

図5.6 浸漬,加熱調理後のジャガイモ切断面

(a) 2.1％アルコール溶液　　　　　　(b) 水

(c) みりん15％溶液　　　　　　(d) 煮切りみりん15％溶液

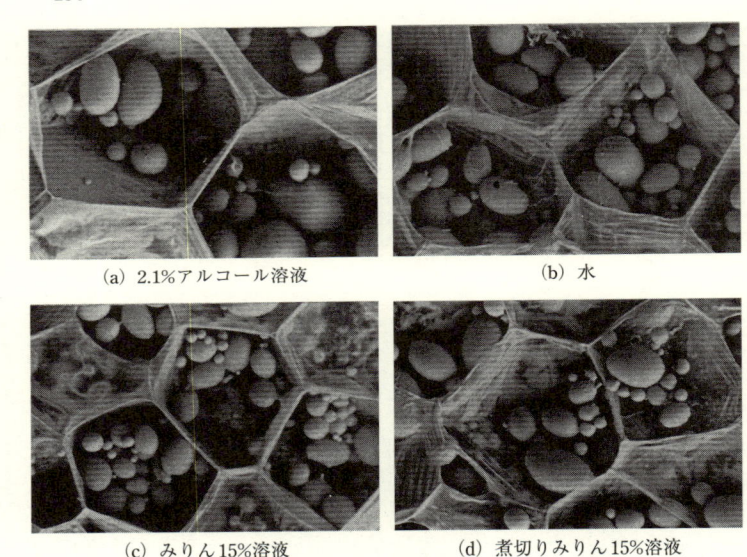

図5.7　浸漬後のジャガイモ切断面（×400）

たジャガイモは，92℃以上で30分間加熱した後も細胞が原形を留めているのに対し，水中で加熱したものは細胞壁が溶解しデンプン粒が溶出している（図5.6 a, b）．このアルコールの効果は，みりん15％溶液（アルコール2.1％含有）および煮切りみりん15％溶液に浸漬，加熱したジャガイモの電顕写真（図5.6 c, d）の比較からも明らかである．なお，加熱前のジャガイモはいずれの溶液に浸漬したものも外観上は変わらないが，電子顕微鏡で観察すると，アルコール含有溶液に浸漬したものは，アルコールを含有しない液に浸漬したものに比べて，細胞壁に張りがありしっかりしていることがわかる（図5.7）．なお，ここで使用された電子顕微

鏡も，前述の豚肉の場合と同様にクールステージ付き低真空走査電子顕微鏡である．

また，みりんを添加して米を炊くと，米粒がつぶれない（煮崩れしにくい）という現象が確認されているが[11]，これもみりん中のアルコールの効果だと考えられる．

5.2.4 エキス成分の溶出防止

アルコールが肉の保水性を高めて物性の向上に役立っていることは前述のとおりであるが，アルコールは肉汁のエキス成分の漏出を防いで肉のうま味を保持する効果も示す．

鯨肉を水または15％アルコール溶液に30分間または16時間浸漬 (A)，浸漬後10分間加熱 (B)，浸漬後に浸漬液を新しいものに交換して加熱 (C)，および浸漬せずに加熱 (D) し，それぞれの肉の重量や乾物量などを測定すると，(A)～(D) のいずれの場合も水よりも15％アルコール溶液の方が重量，水分値だけでなく乾物量も大きいことがわかった（図5.8）[3]．すなわち，アルコールの効果で肉の保水性が高まって肉が柔らかくなるだけでなく，肉のエキス成分の浸漬液中への漏出も防いでいるのである．

この現象は，より複雑な成分組成のみりんモデル液でも確認されている[12]．図5.9に示すように，みりんの分析値を基に組み立てられたみりん完全モデルおよび，そこから1成分を除いたモデル液に鯨肉を浸漬，加熱した時の煮汁中の固形分を調べると，アルコールを除いたモデル液の固形分だけが明らかに多く，アルコールのエキス成分保持効果の大きさがわかる．

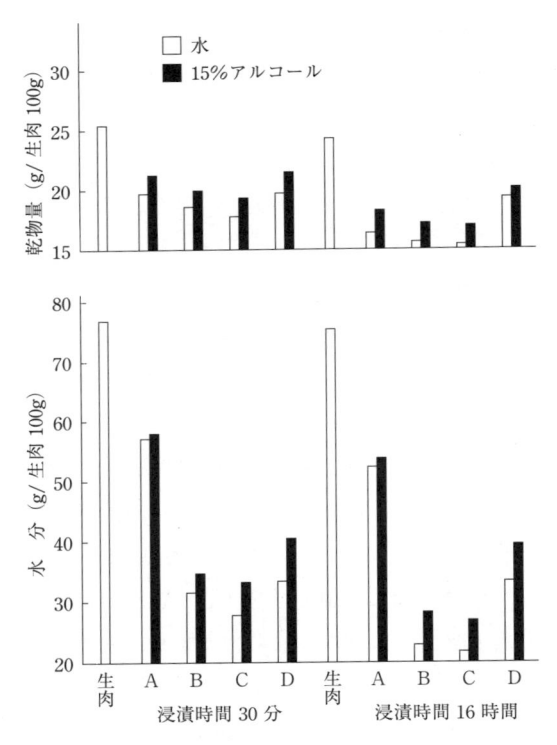

図 5.8 26℃で浸漬後直接加熱,加熱時間10分後の鯨肉の各測定値
A:浸漬,B:浸漬後加熱,C:浸漬後調味液を交換し加熱,D:未浸漬・直接加熱

このアルコールの効果を豚肉を使って確認した例をあげると,みりん50%溶液(アルコール7%含有),煮切りみりん50%溶液および7%アルコール溶液と水に豚肉を5℃にて17時間浸漬した場合,両液から浸漬液中に溶出したアミノ態窒素(フォルモール態窒素)

量および全窒素量が少ない，という現象が認められている（表5.6）[5]．

また，ジャガイモをみりん15％溶液（アルコール2.1％含有）および2.1％アルコール溶液に浸漬して30分間沸騰加熱した際の煮汁の濁度を測定すると，それぞれからアルコールを除いた系である煮切りみりん15％溶液および水の場合と比べて，20％程度低い数値となり（図5.10），アルコールによってジャガイモの煮崩れが防止されるとともに

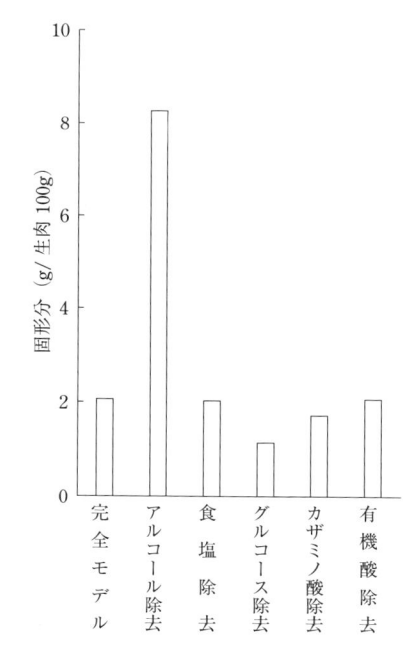

図5.9 みりんモデルにおける煮汁の固形分に対する各呈味成分の貢献度

表5.6 みりん50％溶液，煮切りみりん50％溶液，7％アルコール溶液および水に豚肉を浸漬した時の浸漬液の分析値

	水	みりん 50％溶液	煮切りみりん 50％溶液	7％アルコール 溶　　液
アミノ態窒素（mg％）	24.10　(100)	18.35＊(76)	19.75＊(82)	22.50　(93)
全窒素（mg％）	123.4　(100)	97.0＊(79)	102.9＊(83)	109.7　(89)
濁　度（660nm）	0.105 (100)	0.045 (43)	0.075 (71)	0.075 (71)
色　調（520nm）	0.115 (100)	0.080 (70)	0.083 (72)	0.105 (91)

＊みりん由来の成分値を差し引いた値．
（　）内の数値は，豚肉を水に浸漬した時の浸漬液の分析値を100とした時の相対値．

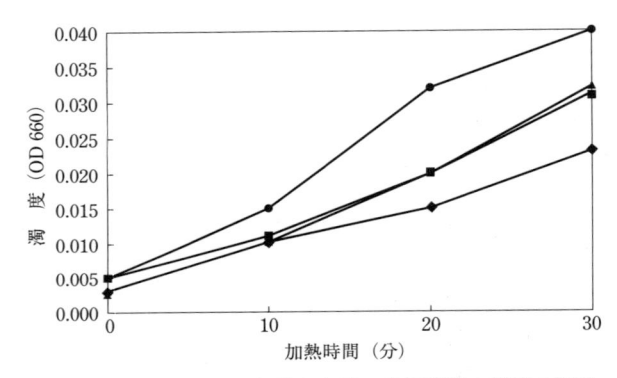

図 5.10 沸騰後 30 分間加熱した時の各浸漬液の濁度の経時変化
◆ みりん 15%溶液, ■ 煮切りみりん 15%溶液,
▲ 2.1%アルコール溶液, ● 水.

エキス成分の溶出が抑制されていることがわかる[10].

5.2.5 消 臭 効 果

アルコールの沸点は 78.3℃と, 水の沸点より低いため加熱調理時には揮散しやすく, その際, 悪臭を一緒に持ち去ったり (共沸効果), 有機酸と反応してエチルエステルを生成して食品の香気の改良にも効果的に働く.

例えば, 清酒とアルコール分を飛ばした清酒を添加した醤油味飯のガスクロ分析では, 清酒の方が臭さのもとであるヘキサナールの減少が大きいとの結果が得られており[13], アルコールの消臭効果を示すものである.

5.2.6 防腐・殺菌効果

アルコールの防腐作用は古くから知られており，例えば，大部分の微生物がアルコール4%では増殖できるが，8%では増殖できるものが少なくなり，12%で増殖できるものは認められない，という実験例（表5.7）[14]など多くの報告がなされている．また，実際の食品では微生物制御の目的でアルコールが単独で使用されることは少なく，他の食品成分が共存したり，食品添加物が併用されることが多いが，表5.8[15]のようにアルコールと各種食品添加物との併用による相乗効果に関しても数多くの報告がある．

みりんのアルコール濃度は約14%であり，通常の使用濃度ではみりん由来のアルコール単独での防腐効果は期待できないが，他の調味料由来のアルコールや有機酸，塩分などとの相加，相乗効果で，日持ち向上に寄与することとなる．

5.2.7 呈香味の向上

アルコールは水酸基を有するので甘味を呈するともいわれているが[16]，その呈味性については評価が一様でない．ただし，みりんのように長期間貯蔵されたものはアルコール–水などの分子会合が起こり，刺激性が低くなることは間違いないので，それによって甘味を感ずることは考えられる．また，他の成分の呈味閾値（最低呈味濃度）や呈味特性を変えることもよく知られている．例えば，少量のアルコールの存在によって糖の甘味のくどさが緩和されたり，酸味，甘味とアルコールが共存すると柔らかな味になる[17,18]．

表5.7 アルコールによる微生物の増殖阻害

		アルコール (%)		
		4	8	12
細　菌	*Escherichia coli*	+	−	−
	Bacillus subtilis	+	−	−
	Bacillus megaterium	+	−	−
	Bacillus natto	+	−	−
	Staphylococcus aureus	+	+	−
	Sarcina lutea	+	−	−
	Aerobacter aerogenes	+	−	−
	Serratia marcescens	+	−	−
	Pseudomonas fluorescens	+	−	−
	Salmonella typhimurium	+	−	−
	Brevibacterium ammoniagenes	+	−	−
	Micrococcus epidermidis	+	+	−
	Streptoccus faecalis	−	−	−
	Lactobacillus plantarum	−	−	−
	Lactobacillus sake	+	+	−
酵　母	*Torulopsis utilis*	+	−	−
	Shizosaccharomyces pombe	+	+	−
	Candida albicans	+	−	−
	Saccharomyces carlsbergensis	+	+	−
	Mycotorula japonica	+	−	−
	Endomycopsis fibuliger	+	−	−
	Endomyces selsii	−	−	−
	Pichia membranaefaciens	+	−	−
	Saccharomyces rouxii	+	−	−
カ　ビ	*Aspergillus awamori*	+	−	−
	Aspergillus niger	+	−	−
	Aspergillus usamii	−	−	−
	Penicillium chrysogenum	−	−	−
	Penicillium notatum	−	−	−
	Rhizopus javanicus	+	−	−
	Mucor Plumbens	±	−	−
	Monilia formosa	+	−	−
	Trichoderma viride	−	−	−
	Dematium pullulans	−	−	−
放線菌	*Streptomyces albus*	+	−	−
	Streptomyces griseus	−	−	−
	Nocardia gardneri	+	−	−

表5.8 モノグリセリド-乳酸-アルコール系の殺菌効果

MG(C10) (%)	エタノール (%)	90%乳酸 (%)								
		0	0.05	0.1	0.5	1.0	1.5	2.0	3.0	5.0
0	0	+	+	+	+	+	+	+	+	±
	5	+	+	+	+	+	+	+	±	±
	10	+	+	+	+	+	+	+	±	−
0.005	0	+	+	+	+	+	+	+	±	±
	5	+	+	+	+	+	+	+	±	−
	10	+	+	+	+	−	−	−	−	−
0.01	0	+	+	+	+	+	+	−	−	−
	5	+	+	+	+	+	+	−	−	−
	10	+	+	+	+	−	−	−	−	−
0.02	0	+	+	+	+	+	−	−	−	−
	5	+	+	+	−	−	−	−	−	−
	10	+	−	−	−	−	−	−	−	−
0.05	0	+	+	+	−	−	−	−	−	−
	5	+	−	−	−	−	−	−	−	−
	10	+	−	−	−	−	−	−	−	−
0.1	0	+	−	−	−	−	−	−	−	−
	5	+	−	−	−	−	−	−	−	−
	10	+	−	−	−	−	−	−	−	−
0.5	0	+	−	−	−	−	−	−	−	−
	5	+	−	−	−	−	−	−	−	−
	10	+	−	−	−	−	−	−	−	−
1.0	0	+	−	−	−	−	−	−	−	−
	5	+	−	−	−	−	−	−	−	−
	10	−	−	−	−	−	−	−	−	−

MG(C10):カプリン酸モノグリセリド.

ところで,実際の調理の場面では,用途,目的によってはみりんを煮切って使用することがある.「煮切り」という操作は,みりん単独で,または他の調味料とともにゆっくりと加熱して揮発

性成分を除去するものであるが，この時，みりんを低温で減圧濃縮してアルコールを除くと香りが悪くなり，中温〜高温で普通に加熱して煮切ると好ましい香りになる．この現象は，加熱時にアルコールがみりん中の他の成分と反応して香気成分が生成することによるものと考えられる．よって，みりんは煮切るからアルコールは不必要だということはなく，煮切るためにはアルコールが必要だと考えられている[19]．

5.2.8 その他の効果

みりん中のアルコールは以上のような様々な効果を調理食品にもたらすが，開放系よりも閉鎖系で調理した方がアルコールの効果がより長く持続する．例えば，15%アルコール溶液150mlを300ml容ビーカー中で蓋をせずに沸騰後15分間加熱した場合の残存アルコール濃度は2.1%，同溶液を300ml容三角フラスコ中で15分間還流加熱した場合の残存アルコール濃度は10.8%，という実験例[3]がある．

一方，出来上がった食品中にアルコールが残存することは，子供が食べる場合などには好ましいことではなく，その場合には開放系での加熱調理が望ましい．例えば，15%みりん溶液にジャガイモを入れて加熱すると，92℃で沸騰して30分後にはアルコール濃度が0.5%以下となる，という測定例があり，煮物などの調理を蓋をしないで行った場合，摂食時にはアルコールの影響がほとんどないことがわかっている[10]．

5.3 糖類の効果

みりんの糖分の調理効果としては，てり・つやの付与，嫌な臭いの消臭効果，煮崩れ防止，エキス成分の溶出防止，上品な甘味の付与，呈味の改良（味の複雑化，酸味やアルコールの緩和作用），焙焼香(ばいしょうこう)や焼き色の前駆物質としての役割，抗酸化物質の前駆物質，粘稠性の付与，などがあげられる．

5.3.1 てり・つやの付与

みりんの糖類は，美しいてり・つやを食品に付与するが，みりんが与えるてり・つやの機器分析による評価もなされている．みりんや卵黄，牛乳などをガラス板に塗布して200℃で加熱し，その光沢を3次元変角光度計で測定した例では，みりんを塗布して加熱したつや面の光沢は優れているが薄く，みりんと卵黄を1：1で組み合わせた焼成つや面は固く平滑であり，均質で安定した優れたつやを示した（図5.11）[20]．また，砂糖あるいはみりんを使って黒豆を煮た場合，砂糖よりもみりんの方が立体物光沢分析装置（トライコー社製）で測定した光沢度およびてり・つやの官能評点が共に高い，という結果が得られている[21]．なお，この立体物光沢分析装置は，測定物の形状，表面状態，色に影響を受けることなく光沢を測定できることを特長としており，人間の肉眼に近い測定結果が得られる装置である．またこの時，みりん風調味料を使用すると黒豆が赤変する現象が見られたが，これはみりん風調味料に添加されている有機酸の作用で，黒豆のアントシ

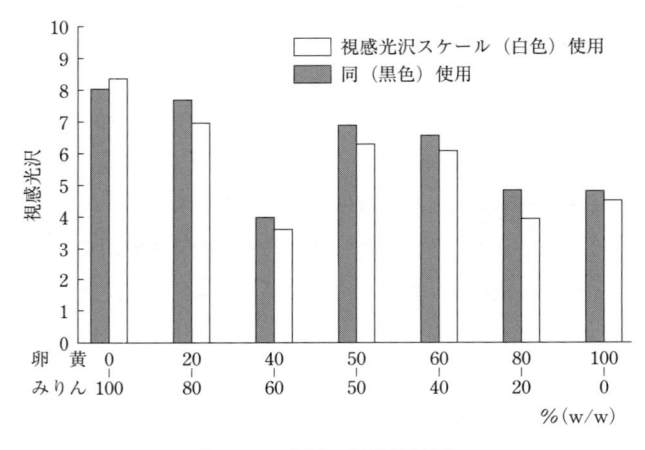

図5.11 光沢の視覚的評価

アニンがアンヒドロ型からフラビリウムカチオン型に変わることによる．

図5.12はみりん100mlと醤油50ml，もう1つは砂糖30g，清酒100mlと醤油50mlで調整した鰆の照焼の写真である．肉眼でもそのてり・つやの差は明らかであるが，これを上記黒豆の場合と同じ立体物光沢分析装置で測定した光沢度には約30ポイントの大差がついている（表5.9）．なお，この光沢度はこの装置固有の尺度（基準板の光沢に対する相対値）であり単位はないが，試料間の測定値に10ポイント以上の差があれば，そのてり・つやの差が肉眼でも識別できることが確認されている．また，表5.9には砂糖と醤油で調製した照焼の光沢度測定値も載せたが，砂糖＋清酒の系よりもさらに低い値となっている．このように，砂糖に比

図 5.12 鰤の照焼
左：みりん使用，右：砂糖＋清酒使用

べてみりんのてり・つや付与効果は大きいが，それはスクロースとグルコースの違いのみならず，みりんに含まれるイソマル

表 5.9 鰤の照焼の光沢度

調味液	みりん＋醤油	砂糖＋清酒＋醤油	砂糖＋醤油
光沢度	180	152	132

トース，イソマルトトリオースなどの非結晶性糖類や，さらに高分子のオリゴ糖の作用によるものである．

5.3.2 消臭効果

みりん中のグルコースなどの還元糖は，アミノ酸などのアミノ基を有する化合物と反応して（アミノ-カルボニル反応，図5.13)[22]，α-ジカルボニル化合物などの中間生成物を生み出す．これらの反応性に富んだ化合物が，種々の悪臭成分と化学的に反応して消臭効果を示す．

(1) 魚臭の抑制

α-ジカルボニル化合物はアミン類と速やかに反応するため，

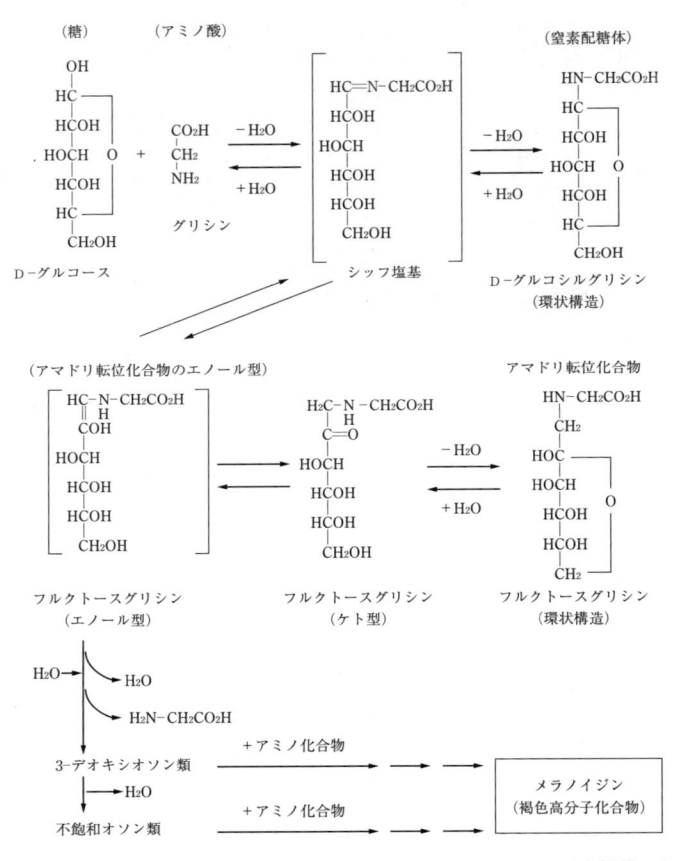

図5.13 グルコースとグリシンとのアミノ-カルボニル反応機構の概要

アミン類由来の魚臭などの嫌な臭いを消す効果を有する．例えば，スケトウダラのB級冷凍すり身を原料とするケーシングかまぼこのヘッドスペースガスのガスクロ分析で，みりんを3％添加した

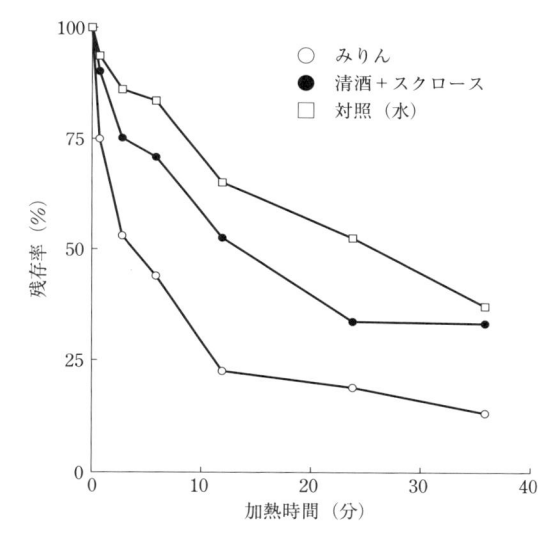

図 5.14 みりんによるメチルアミンの消臭効果
メチルアミン 0.2% とみりん 20% または清酒 18% + スクロース 8.7% を入れたビーカーを沸騰水中で加熱し,メチルアミンの残存率をガスクロ分析で求めた.

ものはアミン類のピークが減少することが確認されている[19].

また,図 5.14 はメチルアミンに対するみりんの消臭効果の一例を示したものであるが[23],みりんが速やかにメチルアミンと反応しているのに対し,みりんと同濃度のアルコールおよび糖を含有する清酒+砂糖の系ではメチルアミンの残存率が高いことがわかる.これは,砂糖が還元末端を持っていないためにアミノ-カルボニル反応が進まず,アミンとの反応性に富む α-ジカルボニル化合物の生成が少ないことによる.この結果は,アミン類に起因する魚臭の化学的抑制には,砂糖と清酒の混合使用よりもみり

んを使った方が優れていることを示すものである．ただし，清酒は発酵香気によるマスキング作用を示すので，実際の調理においては対象魚や料理の種類に応じて，みりんと清酒の使い分けや両者の併用がなされる．なお，対照（水）に比べて清酒＋砂糖の系のメチルアミン残存率が若干低いが，これはアルコールの共沸効果に起因するものと推察されている．

(2) 炊飯米の風味改善

米の脂質の変化に伴って生じる脂肪族アルデヒド類は，いわゆる古米臭や糠臭の原因物質であり，炊飯米の風味を損なうもととなっているが，みりんを添加して炊飯することにより，それらの臭いが低減して好ましい香気となることが知られている．米重量の1.7%のみりんを添加して炊飯すると，みりん無添加品に比べて炊飯米ヘッドスペースガス中のヘキサナールをはじめとするアルカナールやアルケナール量が20～30%減少することが確認されたが（図5.15，表5.10），これもアミノ-カルボニル反応中間生成物の作用だと考えられている[24]．

5.3.3 煮崩れ防止

野菜や魚の煮物にみりんを使うと煮崩れを防ぐことができる．この調理効果は，アルコールが主体となって発揮されるものであるが，みりんの糖類も関与している．例えば先にも述べたが，煮切りみりん15%溶液中で92℃，30分間加熱したジャガイモ（図5.6 d）は，水だけで加熱したジャガイモ（図5.6 b）に比べて細胞からのデンプン粒の溶出が抑えられているという現象が，その切

5.3 糖類の効果

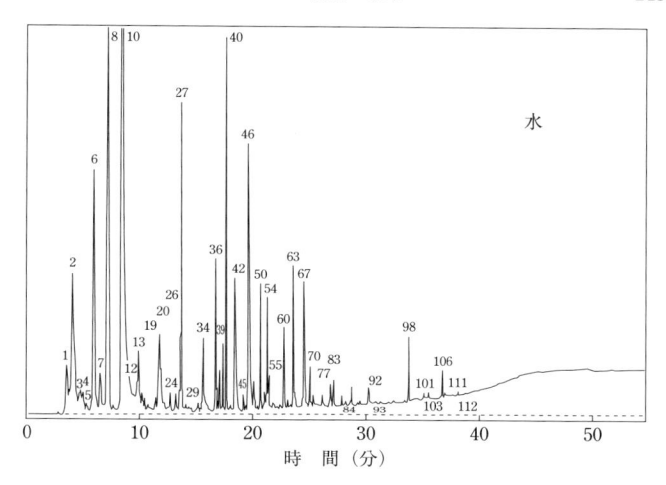

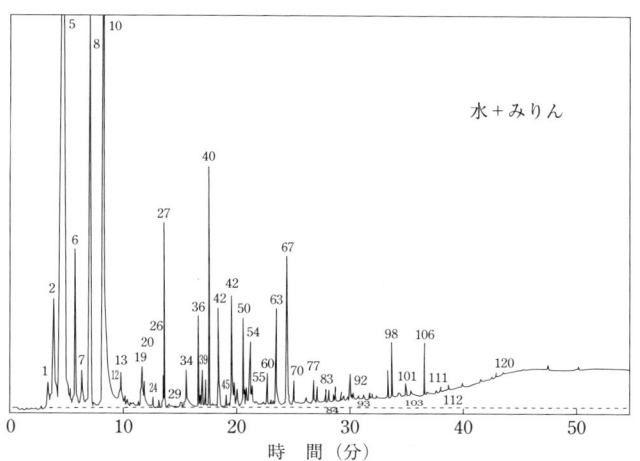

図 5.15 炊飯米揮発性成分のガスクロマトグラム
分析条件：カラム；Carbowax 20M, 50m × 0.28mm（内径）
カラム温度；50℃（8′）〜200℃（4℃/分）
キャリヤーガス：ヘリウム, 2.1ml/分.

表5.10 炊飯米の主要揮発性成分

ピークNo. 成分	相対ピーク面積 水	相対ピーク面積 水+みりん
アルカナール		
3 n-ブタナール	31.9	23.0
6 n-ペンタナール	202.9	150.8
10 n-ヘキサナール	1715.6	1213.3
20 n-ヘプタナール	27.7	32.1
34 n-オクタナール	46.7	35.6
46 n-ノナナール	172.6	121.2
アルケナール		
24 t-2-ヘキセナール	11.4	10.9
36 t-2-ヘプテナール	55.7	39.8
50 t-2-オクテナール	46.2	39.8
67 t-2-ノネナール	148.9	129.3
脂肪族ケトン		
2 アセトン(+プロパナール)	161.4	122.0
19 2-ヘプタノン	41.9	33.3
29 3-オクタノン	3.8	trace
39 2-メチル-2-ヘプテン-6-オール	22.4	13.3
芳香族カルボニル		
63 ベンズアルデヒド	61.8	55.5
83 アセトフェノン	5.8	6.6
アルコール		
5 エタノール	9.7	5539.6
13 1-ブタノール	54.9	41.8
27 1-ペンタノール	130.9	85.7
40 1-ヘキサノール	134.9	95.2
50 t-2-ヘキセノール	4.2	3.4
54 1-オクテン-3-オール	43.5	41.6
55 1-ヘプタノール	12.7	9.3
60 2-エチル-1-ヘキサノール	26.0	17.4
70 1-オクタノール	9.4	17.7
84 1-ノナノール	trace	4.5
炭化水素		
93 ナフタレン	4.0	3.1
101 a-メチルナフタレン	3.3	4.0
103 β-メチルナフタレン	3.9	6.6
111 ジフェニル	4.7	5.5
112 2,3-ジメチルナフタレン	trace	trace
フラン		
12 2-n-ブチルフラン	n.c.	n.c.
26 2-n-ペンチルフラン	30.1	18.7
77 2-アセチル-5-メチルフラン	13.1	11.9
その他		
4 アセタール	24.6	12.8
92 p-ジメトキシベンゼン	4.4	6.1
98 グアイアコール	25.4	30.9
106 ブチル化ヒドロキシトルエン	32.3	13.9
120 p-sec-ブチルフェノール	5.6	7.0

trace:ピーク面積<3.0, n.c.:確認できず(データは全て3回の分析の平均値).

断面の電子顕微鏡観察で確認されている[10]．これは煮切りみりんの主成分である糖の浸透圧作用によるものである．

植物性食材の場合だけでなく，肉の場合にも糖類の作用で筋繊維の崩壊が抑制されることが確認されている（図5.3)[5]．

5.3.4 エキス成分の溶出防止

みりんを使った肉料理がおいしく仕上がるのは，調味成分の浸透がよくなるとともに，肉のうま味成分が漏れずに保持されるからである．これは煮崩れ防止効果と同様にアルコールによるところが大きいが，浸透圧に起因すると思われる糖類の寄与も無視できない．

種々の試液に豚肉を5℃で17時間浸漬し，浸漬液中に漏出したエキス成分を分析した結果を見ても，アミノ態窒素，全窒素，濁度，色調のいずれもが，水浸漬に比べて50%煮切りみりん溶液浸漬の場合の方が小さい（表5.6)．特に，波長520nmでの色調は煮切りみりんの方がわずかに大きいものの，みりんと比べても大差なく，アルコール溶液単独よりも煮切りみりんの方が値が小さいことから，肉の赤色系成分溶出抑制効果は，アルコールよりも糖類の寄与の方が大きいようである．これは，みりんの糖類の浸透圧による効果であるが，あまり浸透圧が高すぎると筋繊維の収縮で肉の軟化が妨げられるので注意が必要である[25]．なお，糖類のこの効果は5%程度のみりん濃度でも同様に発揮される．

植物性食材のジャガイモの場合でも，煮切りみりん15%溶液に浸漬して加熱した時の煮汁の濁度は，水に浸漬して加熱した場合

に比べて半分程度になっており（図5.10），糖類の浸透圧でジャガイモの可溶性成分の溶出が抑制されていることがわかる[10]．さらに，糖濃度が7%である煮切りみりん15%溶液と2.1%アルコール溶液（みりん15%に相当）の浸漬液の濁度がほとんど変わらないことから，この例では，みりんのエキス成分溶出抑制効果に糖類とアルコールがほぼ同レベルで寄与していると考えられる．

5.3.5　上品な甘味の付与，呈味の改良

みりんの風味の最大の特徴はその甘味にある．みりんの糖類の主成分であるグルコースの甘味度はスクロースの7割程度と低いが，濃度が高くなるにつれて甘味度が濃度以上に高くなり，またその甘味の質が変わらないといわれる[26]．一方，スクロースの快い甘味は10%濃度くらいまでで，それ以上濃くなっても甘味は濃度比よりも逆に低く感じられ，かつ苦味を伴うといわれる．

みりんの甘味はグルコースを主体に，イソマルトース，ニゲロース，コウジビオース，マルトースなどの各種二糖，三糖類やオリゴ糖で構成された極めて温和なものである．さらにはアルコールや有機酸が隠し味的に作用して独特の甘味となっている．また，これらの糖類の中には甘味だけでなく苦味などを呈するものもあり，独特の甘味となっている．また，これらの糖類の中には甘味だけでなく苦味などを呈するものもあり，それらの味が複雑にからみあって，コク味などのふくらみを食品に付与する．

みりん中には，エチル-α-D-グルコシドや米麹由来の糖アルコールなどが存在し，これらは単独では呈味閾値に達しなくても

複合的には十分に達し，甘味の幅に寄与するものと考えられる．

また，みりん中にはオリゴ糖よりも分子量の大きいデキストリンに近いものも残っており，それらが粘稠性を与えて，1つの味というものを形成するのではないかとも考えられている[27]．

5.3.6 その他の効果

みりんの糖類は，アミノ-カルボニル反応の前駆物質となって，焼き色や香ばしい香りを食品に付与する働きをする．また，同反応の生成物であるメラノイジンは抗酸化性が強く，食品の保存に良い効果をあらわす．醤油とみりんを加えて加熱して作られる佃煮の酸化劣化が少ないことや，同じく醤油とみりんを加えて加熱調理した煮物の経時変化が少ないのは，加熱時に適度に生成されたメラノイジンが示す抗酸化性によるものと考えられている[18]．

5.4 アミノ酸・ペプチドの効果

みりんのアミノ酸・ペプチドの調理効果としては，うま味の付与，呈味の向上，塩味・酸味の緩和作用，アミノ-カルボニル反応の前駆物質，などがあげられる．

5.4.1 うま味の付与，呈味の向上

みりんのアミノ酸量は醤油の約1/20であり，閾値以上に存在するアミノ酸は，グルタミン酸（強いうま味と酸味），アスパラギン酸（弱い酸味と弱いうま味），アルギニン（弱い苦味）などであ

る.ただし,これらの閾値以上に存在するアミノ酸だけがみりんのうま味を形成しているのではなく,閾値以下のアミノ酸も同時に存在すれば十分に閾値に達し,単独で感じる味よりもはるかに複雑なふくらみのあるうま味を呈する.みりんの通常の用途では煮たり,焼いたりして濃縮されるのでより強い呈味を示すこととなる.

さらに,みりん中の全アミノ酸の30〜50%程度存在すると推

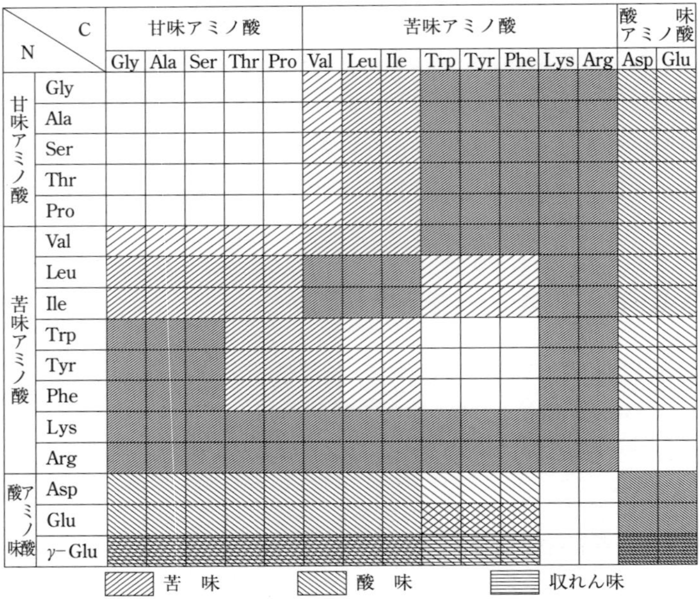

図5.16 ジペプチドの呈味
N:N末端アミノ酸,C:C末端アミノ酸.
斜線の濃淡は味の強弱を示す.

定されるペプチドも，その量から考えると，味に濃厚感を与える効果を有するものと考えられる[17]．なお，ペプチドの呈味性に関しては，例えば合成ジペプチドについてその構成アミノ酸の種類および配列順序によって呈味性がどのようになるかが

表5.11 合成酒の味の厚みへのペプチドの添加効果

試　　料	官能評点
合成酒（対照）	5.0
＋0.03％ L-Val-L-Glu	6.8
＋0.03％ L-Pro-L-Glu	5.8
＋0.03％ L-Pro-L-Asp	5.8
＋0.03％ γ-L-Glu-L-Glu	5.2
＋0.03％ L-Val-L-Val	5.4
＋0.03％ Gly-L-Leu	7.0
清　酒	10.0

詳しく調べられている（図5.16）[28]．また，ペプチドを合成酒に加えた際の効果も検証されているが，それ自体は酸味（Val-Glu, Pro-Glu 他）や苦味（Val-Val, Gly-Leu）を呈するジペプチドが，合成酒の味の厚みを強めて醸造酒に近づける作用を示すようである（表5.11）．Gly-Leuなどはみりん中にもその存在が知られており（4章，表4.5参照）[17]，みりんおよびその使用食品の呈味の向上，複雑化に寄与しているものと考えられる．

また，みりんがだし調味料と併用される際には，みりん中のアミノ酸がだしの核酸系うま味成分（イノシン酸，グアニル酸）と相乗的に働いて，強いうま味を呈する役割を果たすものと考えられる．

5.4.2 塩味・酸味の緩和作用

ペプチドはアミノ酸と同様に両性弱電解質であるため，水溶液中では酸・塩基に対して電気的に相互作用し，その結果，食品の味覚を柔らかにするといった呈味緩衝作用を有する[29]．

5.4.3 アミノ-カルボニル反応の前駆物質

みりん加熱時のアミノ-カルボニル反応によって,多種多様な香味・香気成分や焼き色,さらには悪臭の消臭効果を有するα-ジカルボニル化合物などの成分が生成する.その前駆物質としてアミノ酸,ペプチド類は重要な成分と認識されている.個々のアミノ酸の反応性の差異については,条件によって異なるのではっきりしないが,アミノ基が結合している炭素原子に置換基がない方がアミノ基と糖のカルボニル基との結合が生じやすいため,グリシン,β-アラニン,リジンのε-アミノ基などが反応性が強い.また,オリゴペプチドのN末端アミノ基の反応性はα-アミノ酸のそれよりも高い[30].

なお,糖類の効果のところでも記したように,アミノ-カルボニル反応の生成物メラノイジンは抗酸化性を示すが,一般に,リジン,ヒスチジン,アルギニンのような塩基性アミノ酸と糖類との反応で褐変化と並行して抗酸化能も上がるようである.しかしながら,これらのアミノ酸が抗酸化性を示すメラノイジンの生成によい理由や,どのような生成物が有効なのかは,メラノイジンの構造とともにまだ明らかになっていない[31].

5.5 有機酸の効果

みりん中の有機酸の調理効果としては,幅のある酸味の付与,甘味・塩味の矯正効果,保存性の向上,などがあげられる.また,エステル類の前駆物質として風味に関与する.

5.5.1 幅のある酸味の付与

みりん中の有機酸は量的には多く存在しないため,個々の含有量では閾値に達しないものの,その総和で特有の複雑味を呈する.また,食材に浸透し,乳酸,コハク酸,リンゴ酸などの複合的な酸味により,食材に幅のある酸味を与える.

5.5.2 甘味・塩味の矯正効果

有機酸はみりんの高糖濃度による甘ったるさを引き締めたり,甘味と酸味の相殺効果とは異なる各種有機酸の呈味特質によって,料理の複雑味を増したりする[26].また「塩梅」という言葉があるように,塩は酸味を丸くする作用を有する.塩加減の調節は調理にとって大切なことであり,その意味からも有機酸の働きは重要なものである.

5.5.3 保存性の向上

有機酸はpHを酸性側に傾かせる作用があり,みりんに含まれているアルコールとの相乗効果で雑菌に対する防腐作用が強くなり,食品の保存性向上に役立つ.

5.5.4 その他の効果

乳酸,コハク酸などの有機酸は,みりんの熟成中あるいは加熱調理時にアルコールと反応して乳酸エチル,コハク酸モノエチル,コハク酸ジエチルなどのエステル類を生成し,食品の香気改良に寄与する.

5.6 香気成分の効果

みりんは煮たり,焼いたりする加熱調理に多用されるので,みりん中の糖類,アミノ酸,有機酸,アルコールなどが前駆物質となって生成する様々な好ましい加熱香気が,食品の風味に大きく寄与する.一方,あまり加熱を必要としない料理にとっては,みりん特有の甘い香りも大切なものである.甘い香りはうまさを強めるように作用し(古みりんは特にその働きが強い),料理に残っても邪魔にならない[32].

前述したが,みりんの香気成分は食品の矯臭(マスキング)効果にも寄与している.例えば,スケトウダラすり身を使用したかまぼこの魚臭抑制にみりん香気成分の酸性区分および中性区分(特にカルボニル区分)の寄与が大きいとの試験効果が報告されて

表5.12 みりんの香気成分抽出物など各区分の魚臭抑制効果

区 分	添加量(ml)	パネル員(人)	効果ありと判定した人数(人)	有意(5%)
酸性区分 (F_1)	3	35	28	あり
弱酸性区分 (F_2)	3	35	19	なし
塩基性区分 (F_3)	3	35	19	なし
中性区分 (F_4)	3	35	25	あり

表5.13 みりんの香気成分抽出物など各中性区分の魚臭抑制効果

区 分	添加量(ml)	パネル員(人)	効果ありと判定した人数(人)	有意(5%)
カルボニル区分(F_5)	3	20	18	あり
非カルボニル区分(F_6)	3	20	13	なし
カルボニル区分+非カルボニル区分	3 + 3	20	19	あり

いる（表5.12，表5.13）[33]．また，米の重量に対して1.7%のみりんを添加した水に浸漬した米は，「とぎ汁のにおい」や「粉くささ」が消え，「甘い良い香り」になる，という官能評価結果もある（表5.14）[11]．この作用機作は未確認であるが，みりんの甘い香りによるマスキング作用の寄与も大きいものと考えられる．

表5.14 30分浸漬米の官能評価結果

水　浸　漬		みりん浸漬（添加量%）		
		1.0	1.3	1.7
どちらが良いか	水 みりん添加	2 16	3 15	6 12
浸漬米	とぎ汁のにおい 普通の米のにおい 粉くさい	甘いにおい すっきりしたにおい	良いにおい 甘酸っぱい おもちのような むしパンのような すっきりしたにおい	甘いにおい ふわっと甘い 酒のにおい きついにおい
浸漬水	あまりにおわない 米のにおい	ほのかに甘い香り	ほのかに甘い香り	すっきりした甘い香り

参 考 文 献

1) 奥田和子，中嶋敦子：甲南家政，**9**，1（1973）
2) 奥田和子，上田隆蔵：食品の物性，第10集，杉本幸雄，山野善正編，p.81，食品資材研究会（1984）
3) 奥田和子，上田隆蔵：家政誌，**26**，564（1975）
4) 奥田和子，上田隆蔵：調理科学，**23**，326（1990）
5) 髙倉　裕，河辺達也，森田日出男：調理科学，**33**，37（2000）
6) 朝倉健太郎：顕微鏡のおはなし，p.185，日本規格協会（1992）
7) 鈴木　惇他：食品・調味・加工の組織学，田村咲江監修，p.195，学窓社（1999）

8) 奥田和子,上田隆蔵:家政誌, **26**, 494 (1975)
9) 倉賀野妙子,梅村素子,奥田和子:調理科学, **21**, 290 (1988)
10) 髙倉 裕他:調理科学, **33**, 178 (2000)
11) 奥田和子:調理科学, **23**, 81 (1990)
12) 奥田和子,上田隆蔵:醸協, **74**, 544 (1979)
13) 関千恵子,貝沼やす子:家政誌, **23**, 297 (1972)
14) 山下 勝,深谷伊佐男:愛食試年報, No.12, 105 (1971)
15) 松田秀樹,鳥居数敏,森田日出男:食品工業, **28**(8), 34 (1985)
16) 小原正美:食品の味, p.136, 光琳 (1966)
17) 森田日出男:調理科学, **19**, 161 (1986)
18) 河野友美:醸協, **72**, 495 (1977)
19) 森田日出男,田辺 脩:調理科学, **3**, 135 (1970)
20) 高宮和彦,宇都宮信子:調理科学, **12**, 168 (1979)
21) 畑 明美他:日本調理科学会平成8年度大会研究発表要旨集, p.66 (1996)
22) 倉田忠男:醸協, **91**, 543 (1996)
23) 河辺達也,森田日出男:醸協, **93**, 863 (1998)
24) 郡田美樹他:日食工, **37**, 91 (1990)
25) 水島 裕,森 精:金城学院大学論集, No.29, 19 (1989)
26) 森田日出男,松岡 聡:醸協, **75**, 893 (1980)
27) 外池良三:調理科学, **3**, 11 (1970)
28) J. Kirimura *et al.*: *J. Agric. Food Chem.*, **17**, 689 (1969)
29) 荒井綜一:化学と生物, **10**, 787 (1972)
30) 加藤博通:食品の変色の化学, 木村 進, 中林敏郎, 加藤博通編, p.291, 光琳 (1995)
31) 並木満夫,林 建樹:化学と生物, **21**, 368 (1983)
32) 竹内五男:醸協, **76**, 793 (1981)
33) 田島和成他:愛食試年報, No.16, 72 (1975)

(河辺達也・奥田和子・森田日出男)

6章　みりんと調理

6.1　家庭料理への応用

　料理を作るうえで大切な点はまず素材であることは，古今東西反対する人はいないであろう．そして，その素材を生かす調味料は，裸の素材にきれいな服を着せるような役割を持つので良いものを選びたい．

　塩はその中で最も大事な役割を担うもので，素材の味を隠さず引き出してくれる．そして，それを助ける一番手がみりんである．

　素材を生かす最良の料理は日本料理，と世界的にも認識が高まっている中で，みりんは上品な甘味で素材の味を際立たせる．夏の暑い日のそうめんは，めんつゆの塩味と甘味が食欲をかき立ててくれるし，冬のあんかけの甘味は冷えた体を芯から温めてくれる．日本のみりんは四季のある国だからこそ生まれたと言える．

　わが国は海に囲まれた国であるため古くから魚介類が食されてきた．貝塚などに見られるように，古代から新鮮な素材が手に入りやすかったのである．しかし食文化が発達するに従い，同じ物を毎日同じ料理として食べるより，違う味付けでおいしく食べたいと思うのは当然のことである．みりんは料理に使われる前は大

変おいしい贅沢な飲み物であったが，そのおいしさゆえにこれを料理に使おうと考える人が出てくるのは当然のことであった．

　京都に都があった頃，海から魚を運ぶ場合，保存のため一塩ものや乾物が多く流通していた．日本海から都への道に鯖街道(さばかいどう)という名が残っているくらいである．近代でも冷蔵・冷凍技術が発達するまでは，そのような遠い海からきた鮮度の落ちた素材を料理し，なおかつ素材を生かすために料理人はいろいろな料理法を考えたことであろう．みりんを使いだしてからは，臭みを取る，煮崩れしにくいといった機能面が経験的に見出されてきたのである．近年，家庭料理に使われだしたのは必然的なことであったと言える．

　盛り付けの見た目の美しさも料理の大事な要素であるが，煮物，焼き物の仕上がりのてり・つやがみりんを使うと大変良くなる．そしてみりんと醬油などの塩分があれば美味しい味付けが無限にできるようになる．

　このように，みりんは大変大事な役割をする調味料である．したがって，しっかりした製法の本当のみりんを使うことが肝心である．

6.1.1　みりんの特徴

① みりんは煮物などの加熱時にアルコールが揮発するため，同時に嫌な臭いも発散してくれる．

　　天つゆ，めんつゆなどは加熱する．

② 煮崩れを防いでくれる．同時に魚介類の煮付け等，みりん

濃度の高い煮物を長時間加熱すると身がしまる．
③ 照焼(てりやき)，煮物などの仕上がりのてり・つやがよく出る．
④ 唐揚げ，生姜焼(しょうがやき)などの漬け込みに使うと味の浸透が良く，同時に嫌な臭いも消してくれる．また，火を通すときは色が早くつく（焦げやすい）．焼いたときの色，香りが良く，食欲を刺激する．
⑤ 糖分が多く含まれているが，上白糖に比べると上品な甘味であり，しかもすっきりしたコクがある．酢の物，ドレッシングなどの酢カドを，みりんの甘味とコクが和らげてくれる．

6.1.2 みりんの使い方

みりん：醤油＝1：1＋αが基本的な分量である．

(1) 煮　　物

① 白身魚の煮付け

カレイ，メバル，キンキなどをさっぱりと煮る．

材　料　カレイ切り身4切れ，ショウガ10g
　　　　　調味料…水2カップ，みりん大さじ3，酒大さじ3，
　　　　　うすくち醤油大さじ3，砂糖大さじ1

作り方

1. 魚は下処理してさっと熱湯にくぐらせておく．
2. 調味料を煮たて，落とし蓋をして魚を煮る．
3. 途中，薄切りのショウガを加えて煮上げる．

② 鯛(たい)のあら炊き，鯖(さば)の味噌煮など

しっかりと煮含める．

材 料 タイのあら300〜400g程度, 塩少々
　　　　調味料…水250cc, 酒250cc, みりん大さじ2, こいくち醤油大さじ2, 砂糖大さじ1

作り方

1. あらは塩をしてしばらく置き, さっと熱湯にくぐらせておく.
2. 水, 酒を煮立ててあらを入れ, 砂糖, 醤油, みりんの順に加えながら落とし蓋をして, しっかりと煮汁が少なくなるまで煮上げる.

③ 里芋, 大根などの含め煮

材 料 サトイモ24個
　　　　調味料…だし汁2カップ, みりん大さじ3, 醤油大さじ3, 砂糖大さじ1

作り方

1. イモは皮をむき, たっぷりの水で串がスッと通るまで下ゆでする.
2. 調味料を合わせて, 1をゆっくり煮含める.

○下ゆでしない場合は, ゆでながら砂糖, 醤油, みりんの順に加えながら煮上げる. または調味料を合わせて材料が浸るくらい入れてそのまま蒸し上げる. いずれにしても冷えていくときに煮汁が材料に浸み込んでいく.

④ 肉じゃが

材 料 牛肉200g, タマネギ大1個, ジャガイモ500g, サラダ油少々

6.1 家庭料理への応用

図 **6.1** 魚の煮付け

図 **6.2** 肉じゃが

調味料…だし汁2カップ半，みりん大さじ3，醤油大さじ3，砂糖大さじ1

作り方

1. 切りそろえた材料を鍋でさっと炒める．
2. だし汁を加えて煮て，しばらくして砂糖，醤油，みりんの順に加えて落とし蓋をして煮上げる．

⑤ ヒジキ，おから，青菜の煮物

材 料 青菜の煮浸し：コマツナ1束，油揚げ1/3枚
調味料…だし汁1カップ半，みりん大さじ1強，醤油大さじ1強

作り方

1. 味付けしただし汁を煮立てて，切りそろえた材料を炊く．ヒジキ，おからなどは長く汁気が少なくなるまで，葉ものはさっと煮る．

⑥ 牛肉しぐれ煮

材 料 牛肉スライス400g，サラダ油少々
調味料…だし汁1カップ半，みりん大さじ3，醤油大さじ3，砂糖大さじ2

作り方

1. 牛肉を炒めて調味料を合わせて加え，早目に煮上げる．

⑦ 筑前煮

材 料 ゴボウ200g，ニンジン200g，れんこん100g　コンニャク1丁，鶏もも肉300g

調味料…だし汁2カップ，みりん大さじ4，醤油大さじ4，砂糖大さじ2

作り方

1. 下ごしらえしていない材料を煮るので，切りそろえた材料を炒めたら，だし汁，砂糖，醤油，みりんの順に加えて汁気が少なくなるまでじっくり煮上げる．

(2) 焼き物

① 鶏の照焼，豚肉の生姜焼など

材　料　鶏もも肉300g，サラダ油少々

調味料…みりん大さじ2，醤油大さじ2，酒大さじ2，砂糖少々

作り方

1. 調味料を合わせて，フォークなどで数か所突いておいた鶏肉をつけ込む．
2. 油を熱して1のつけ汁を拭って焼く．
3. つけ汁を加えて仕上げ，てりを出す．

○つけ込んだ場合は焦げやすいので注意する．

② きんぴらごぼう

材　料　ゴボウ200g，れんこん50g，ニンジン50g，サラダ油少々

調味料…みりん大さじ2，醤油大さじ2，酒大さじ2，砂糖大さじ1

作り方

1. せん切りの野菜を炒めたものに，合わせた調味料を加

図6.3 親子丼

図6.4 筑前煮

図 6.5　鶏の照焼

図 6.6　天つゆ

えて煮詰める．

③ 焼き物のたれ（焼き鳥，うなぎ蒲焼,焼き魚などの基本のたれ）

みりん1，醤油1＋(砂糖少々)＋α（鶏・魚の骨，かつお節，コンブなど）をアルコール分を飛ばすため煮切る．

④ 幽庵焼のつけ地の基本（サワラ，マナガツオなど）

材　料　みりん1，醤油1，酒1〜1.5，ユズ

⑤ 味噌漬の漬床の基本（魚介類，牛・豚・鶏肉類）

材　料　白味噌2，みりん1〜0.5，醤油少々

⑥ 田楽味噌の基本

材　料　白味噌5，みりん1，酒少々
　　　　　赤味噌2，みりん1，酒，砂糖少々

作り方　焦がさないよう煮上げる．

(3) 蒸 し 物

① 茶碗蒸しの地

卵とみりんは相性が良い．

材　料　卵1，だし汁4，うすくち醤油0.05〜0.1，みりん0.1，塩少々

(4) 揚 げ 物

① 鶏肉などの唐揚げ，竜田揚げ

材　料　鶏もも肉500g，醤油大さじ1，みりん大さじ1，酒大さじ1，ニンニク，ショウガ，ネギなど

(5) ご 飯 物

① 丼だし（親子丼，きつね丼，かつ丼など）

材　料　だし汁5〜7，みりん1.5，醤油1

○ご飯を炊くときみりんを少量加えると糠臭(ぬか)さが出ず，てりが良い．
② 炊き込みご飯

 材　料　だし汁1カップ，米1合，うすくち醤油大さじ1，みりん大さじ半杯

 作り方　研いだ米にだし汁，醤油，みりんで水加減し，具を加えて炊く．

(6) つゆ物など

① 天つゆ

 材　料　だし汁4～6，みりん1，醤油1

② めんつゆ

 そうめんつゆ

 材　料　だし汁4～6，みりん1，醤油1，追いがつお

 そばつゆ基本

 材　料　だし汁5，みりん1，醤油1，追いがつお

 温めんつゆ

 材　料　だし汁15，みりん1，醤油1

③ お浸しの地

 材　料　だし汁8～10，うすくち醤油1，みりん1

④ 合わせ酢〈吉野酢〉

 材　料　だし汁3，酢1，醤油1，みりん2，吉野葛(よしのくず)少々

 作り方　合わせて煮て冷やす．

その他の合わせ酢やドレッシングなどの隠し味に（みりんは煮切る）．

(6) その他の使用用途

① 味噌汁の隠し味として少々加える
② 冷やし中華のめんつゆ
③ カレー,韓国料理の辛さをマイルドにする
④ みたらし団子のたれなど

(小川　洸・小川英彰・森田日出男)

6.2 加工食品への応用

　みりんの加工食品への応用は江戸中期にさかのぼり,町人文化の発展とともに食生活へ浸透しはじめ,うどん・そば屋,うなぎ屋など,今日で言うところの業務用調味料として使用されたのが始まりといわれている[1,2].この時期にみりんの製造方法も確立し,生産量も飛躍的に増加したようである.加工食品への利用としては戦後,食品の加工化,工業化が進む中でみりんの調理効果が認められ,その使用は一般化されていくが,食品の業種によって使用目的が多岐にわたっていることは言うまでもない.ここでは加工食品へのみりんの応用について述べるが,現在加工食品業界という分野自体が大きな転換期にある.従来,自らを食品加工メーカーと位置付けていた製造企業が広く惣菜加工にも参入し,外食産業あるいは宅配事業まで視野に入れた業態変換の時期にある.一般に業務用という用語は主に外食産業に限って用いられてきたが,現在では給食センター,CVS(コンビニエンスストア)ベンダー(惣菜加工業者),スーパー惣菜市場,宅配サービスなど,

いわゆる中食(なかしょく)市場と同様に論じられることが多く，広義の食品加工業態と言ってよいのではないだろうか．いずれにしても，みりんはこの食品加工の業態の中で基礎調味料として，あるいはプレミックス調味料の基材として，なくてはならない調味料であり，確固たる地位を築きながら，引き続き拡大基調にある．

　また見方を変えると，近年は食生活による疾病の予防や健康維持管理が求められ，食の健康志向・自然志向が高まる中で，化学的合成添加物を忌避する傾向にあるが，微生物が生産する酒類調味料であるみりんが天然調味料としても高く評価され，その利用が望まれていることも，みりんの需要が拡大している要因である．

　一方，今日までみりんの効果として伝承的に，あるいは調理師や商品開発担当者の官能評価により判断されてきたみりんの調理効果が，科学的に裏付けされるようになってきた．例えば甘味については，醸造生産物として醸し出される複雑な糖組成によってみりん特有の甘味が作られることが検証されたり，てり・つやの機器分析による評価，アルコールと糖による煮崩れ防止効果，食材成分の溶出抑制効果，アルコールによる味の浸透性向上効果，臭いの改善効果などである[3-5]．食品加工メーカーはもとより，消費者にもみりんの調理効果が科学的な機能として明確に提示されるようになってきたわけである．また，商品開発担当者にとって科学的な論拠に基づく製品設計は，コンセプト作りの重要な要因であり，効果・効能の提案まで論理に裏打ちされたより良い商品提供が可能となった．

調理効果という視点から見た場合，みりんは醸造物特有の複合機能を持つ調味料と言うことができる．例えば，砂糖の甘味，化学調味料のグルタミン酸ナトリウムのうま味などのように，単一物質で1つの機能が端的に表現される単機能調味料と全く異なり，みりんは，その成分である糖類，アルコール類，有機酸類，窒素成分など醸造成分どうし，あるいは他の食品成分との相互作用によって多様な調理効果が発揮される．したがって，加工食品分野におけるみりんの使用目的は，対象とする食品，用途・目的によって様々であるが，甘味の付与，てり・つやの付与，煮崩れ防止，素材成分の溶出抑制，味の浸透性の向上，風味の改善や消臭，テクスチャーの改善や静菌作用などであり，それによって原料配合や工程，加工条件が検討され使用されている．

次に，みりんの加工用食品への利用についてその概要を紹介する．

6.2.1　水産練り製品への利用

水産練り製品，水産加工品へのみりんの利用は魚の生臭さの消臭，甘味の付与，てり・つやの付与や風味の改善，テクスチャーの改善，良好な焼き色などの調理効果が期待されている．ことに蒸かまぼこの上塗りや，ちくわへのみりんの添加によるてり・つや付与効果は顕著である．長谷川ら[6]は焼かまぼこのてりに関するみりんの効果を確認するに当たって，みりんを主な構成成分に分けて比較している．すなわち，みりん，グルコース液，グルコース液＋アルコール，グルコース液＋アルコール＋アミノ酸＋

表6.1 かまぼこのてりとみりん成分の関係

	焼かまぼこ順位（％）	蒸かまぼこ順位（％）
1) みりん	1 (40)	1 (33)
2) グルコース液	4 (7)	4 (13)
3) グルコース液＋アルコール	3 (13)	3 (20)
4) グルコース液＋アルコール＋アミノ酸＋有機酸	2 (33)	1 (33)

グルコース液，アルコールはみりんと同一濃度のものを使用．
アミノ酸，有機酸はみりんと同一組成のものを使用．

有機酸の比較を行い，みりんのてりの効果はグルコースを主体とした糖組成が大きく影響しながらも，醸造成分であるみりんの構成成分の相互作用によることを検証している（表6.1）．

また，森田ら[7]はケーシングかまぼこでの香気成分の分析比較などからもみりんの添加効果を検討している（図6.7）．加工調理の加熱工程で生成する香気成分のうち，カルボニル化合物，エステル，アルコール，有機酸などが，種々のα-ジカルボニル化合物の生成に関与し，魚介類のアミンと反応して嫌なアミン臭を消臭すると推定している．

レトルトかまぼこでは，主にタンパク質の加熱分解によって硫化水素が生成され，開封時の特異な臭いとして嫌われる．硫化水素は強度の加熱条件によって増加するとともに異臭を発現するといわれているが，みりんは含有する還元糖によってこの硫化水素の生成を防止し，レトルトかまぼこの風味を改善する．

水産練り製品，加工品業界では長引く消費低迷の中で様々な企画が提案されている．カニ風味かまぼこや人造キャビア，人造イクラなどの魚卵形成品などのコピー商品開発では，原材料の風味

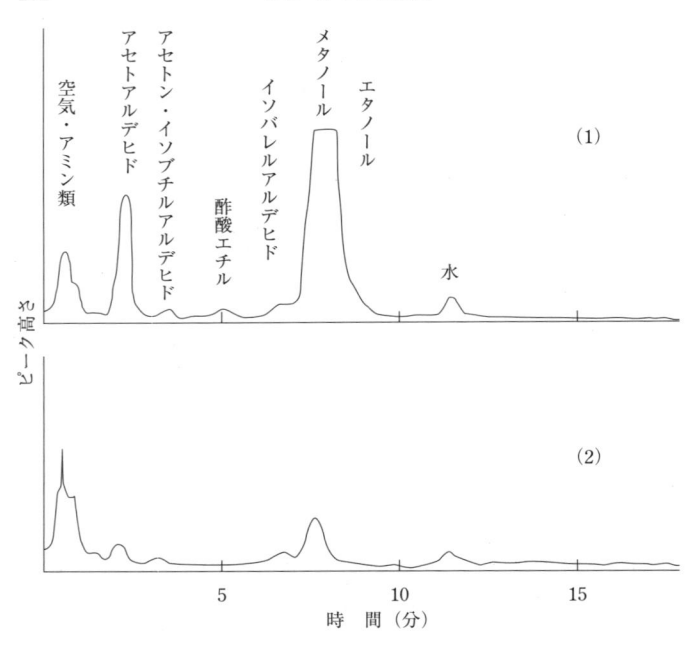

図6.7 かまぼこのヘッドスペースガスクロマトグラムによる香気成分の比較
(1) 3%みりん添加かまぼこ
(2) 3%水添加かまぼこ（コントロール）

の改良や調味改質にみりんの果たす役割は大きい．

また，テクスチャーの改良はもとより，原料事情から大豆タンパクの利用も図られており，植物性タンパク質特有の風味を改良する目的でみりんが利用されていることも見逃せない．

6.2.2 佃煮への利用

みりんは佃煮(つくだに)に多用される．醤油，砂糖，だしと併用されるが，

素材の良さを生かしながら，醤油や砂糖のカド味を矯正し，みりん本来のコクのある甘味を与える．岡田ら[8]は佃煮製造時のみりんの添加効果を検討し，光沢，香気や味に与える顕著な効果を検証している．食品の自然志向を背景に食品添加物の使用が忌避される風潮の中で，天然調味料としてのみりんの需要が増加している．

佃煮は魚介類を主体に農産物，畜産物の加工食品として愛好されてきた．ことに，ご飯と一緒に食される商品として，幅広いユーザーに支持され，また健康食品としても大きく期待されているが，今後のユーザーの嗜好を見るとき，濃厚な味からの脱却，減塩化，うす味化などの要望が予想される．浅炊き佃煮や惣菜化佃煮商品の提案など，具材の多様化なども含めて積極的な展開が求められる中で，みりんの隠し味としての機能も大きく期待される分野である．

6.2.3 漬物への利用

漬物におけるみりんの効果については，醤油漬，粕漬，べったら漬，ラッキョウ漬，福神漬などに古くから利用され，使用の歴史がそれを実証している．添加効果としては，甘味・塩味・酸味などのカド味の矯正，味の調和を図る，コクを増し濃厚感を出す，酸臭の改善など風味の改善効果や，つや・てりを出す，また歯切れが良くなるといったテクスチャーの改良効果などがあり，漬物の種類によって各社各様の特徴を出すために配合されてきた[9]．

近年漬物業界において，おいしく野菜を食べる方法という新し

い位置付けで浅漬けが大きく市場を拡大したが,健康・安心・安全を標榜した保存料無添加品の提案など様々工夫されている.また浅漬けといっても,化学調味料などを使った単味の調味漬けが減少し,軽い発酵香味や熟成香味のある醸造風味への移行などが検討されはじめており,みりんが注目されている.例えば糖1つをとってみても,微生物による代謝産物であるみりんの複雑な糖組成は,砂糖の単純な甘味だけではない特有のコクを与える.また,それら糖組成が風味改善に役立つなど,みりんの多機能調味効果が評価されている.

また減塩化が進められる中で,品質保持のためのアルコールの静菌効果への注目など,酒類調味料としてのみりんの用途拡大が期待される.

6.2.4 つゆ・たれへの利用

みりんのつゆ・たれへの利用は古くは江戸時代までさかのぼる[2,10]が,その技術は現代まで連綿と引き継がれ,藪(やぶ)系,更級(さらしな)系,砂場系などの関東のそばつゆに生かされている.醤油,みりんと砂糖を混合し,加熱処理されるいわゆるつゆの「返し」では,みりん特有の甘味が生かされるとともに,醤油カドを取り除き,だしとの組み合わせで辛汁や甘汁となるが,だし感を支える隠し味としてのみりんは不可欠である.この「返し」がそばとの相性によって本返し,生返し,半生返しなど様々に工夫されており,つゆの奥深さを考えさせられる.一般的には醤油:みりん:砂糖=1斗:1升:1貫が返しの基本とされているが,現在では「2

升みりん返し」などとも言い, やや甘味の強くなる傾向があり, また, だしの効いたつゆが求められているようである.

的場ら[11]は, 全国各地の店舗のうどんつゆの色調, 塩分, 甘味やうま味成分などを分析し, 東西のつゆの差異として一般的にいわれてきたことを, 科学的な視点から解析しており, 非常に興味深いものである.

現在, つゆ・たれ類製品は市場を制覇し尽くした感がある[12]. めんつゆ業界はスーパーの大きな棚割を占め, たれの市場では1993年と2000年との比較で見ると, 焼き肉のたれは1.1倍(図6.8), しゃぶしゃぶのたれは1.3倍, すき焼きのたれは1.9倍, 鍋つゆは9.6倍, とそれぞれ大きく伸長した.

家庭では, つゆ・たれが基礎調味料を用いて手作りされなくなってきており, 様々なつゆ・たれ商品が家庭用調味料として食卓にのぼるようになり, 食の変化の典型的な分野となってきた. 食品加工メーカーは市場動向を予測しながら, 食べ方の提案を含めて, 新しいつゆ・たれの開発に躍起になっている.

このような中で, みりんは上品な甘味の付与, てり・つやの付与, 味の改善, 畜肉臭や魚臭の改善などの調理効果を持ち, 醤油, 香辛料, 畜肉などの調味料とその他の原料との調和を図り, 味をまとめる調味料として必須のものとなっている.

また, 業務用の用途としてハンバーガーのたれ, 唐揚げの下漬調味のたれなど外食産業, CVSベンダーなどでもみりんが見直されはじめてきている. 一般に麹のもつ風味は若年齢層に嫌われがちであるが, みりん特有の香味がハンバーガーのたれに加わる

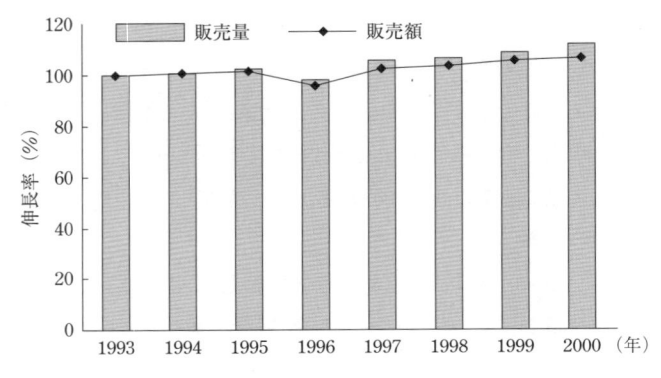

図 6.8 焼き肉のたれ市場の規模推移
1993年の販売量,販売額を100%とする.

とき隠し味として味を下支えし,味の幅を広げるなどして生かされている.

唐揚げの下漬調味のたれにおけるみりんの効果は,素材のうま味を生かす,あるいは引き出す,テクスチャーの改善,静菌効果などであるが,それらは実験的にも証明されている.

6.2.5 畜肉加工品・ハムへの利用

畜肉加工品へのみりんの利用は,畜肉臭の改善,テクスチャーの改善,および静菌効果が目的とされている.みりんが加熱されたときに生じるカルボニル化合物による消臭効果やアルコールによる素材成分の溶出抑制,細胞の維持や静菌効果が考えられる.

またハム・ソーセージ業界では高級ギフト商品の開発などの市場展開を行ってきたが,一方で各種スライスハムなど製品自体の

多様化を進めながら，ハムを使用した惣菜の商品開発も着実に進めている．各メーカーは若年齢層に支持され，利用範囲の広い加工素材としてのレシピ開発を進めている．そこでもみりんの調理効果が大きく期待されている．

6.2.6 菓子・パンへの利用

みりんは和菓子を中心に広く菓子類に利用され，蒸菓子（饅頭），棹もの（羊羹），餅，餅菓子，干菓子，生・半生菓子，焼菓子，あめ，米菓，南蛮菓子（カステラ）などの生地に配合されたり，上掛けとして用いられる一方で，あんや具材の調味料として用いられている．添加効果としては，てり・つやの付与，甘味の矯正，香りをよくすることなどが期待されているほか，静菌作用も注目されている．

例えば，和菓子のトッピングに使用される小豆の蜜煮には，小豆の下茹で時にみりんを使用することで胴割れが少なくなり，てり・つやのよい小豆蜜煮を作ることができる[13]．また，パンへの利用でも小麦粉臭の改善やしっとり仕上げる効果，柔らかく仕上げる目的で使用されている．デザート菓子類についても，昨今の健康志向を取り入れて豆乳製品が開発されているが，豆乳特有の豆臭さをみりんの添加により矯正できる．

6.2.7 惣菜・冷凍食品への利用

惣菜市場の伸長は著しく，6兆円産業ともいわれ，「中食」惣菜は家庭の食卓に日常的にのぼるようになってきている[14]（表

6.2).

コンビニエンスストア,スーパー,デパートでは,惣菜売場の充実が優先課題とされ,価格が安く,しかも品質が良くておいしいといった消費者ニーズに対応した商品開発が進められている.そのような高品質の惣菜を提供するうえで,みりんは天然調味料,醸造調味料としての特徴を生かして,欠くことのできない基礎調味料として使用されている.

また最近では,惣菜市場の急速な進展とともに外食産業,給食センター,CVSベンダーではプレミックス調味料の用途が増加している.商品のコストダウンが検討される中で雇用のパート化が進み,安定した品質のものを,より簡便に,より安く提供するために,みりん,醤油,砂糖やだしなど必要な調味料を配合したプレミックス調味料が貢献している.

惣菜市場は家庭のキッチンが移行したものといえる.従来,家庭で用いられてきたみりんは,「食品をおいしく・安全に・健康

表6.2 食の市場規模推移

年 食市場	1996(平成8)		1997(平成9)		1998(平成10)		1999(平成11)		2000(平成12)		年平均伸び率(%)
	億円	%	億円	%	億円	%	億円	%	億円	%	
内 食	425 788	55.7	419 770	54.8	423 937	55.3	410 928	55.3	382 153	53.6	△3.0
中 食	52 309	6.8	56 151	7.3	57 756	7.5	58 421	7.9	59 337	8.3	3.3
外 食	286 502	37.5	290 743	37.9	284 961	37.2	273 711	36.8	271 765	38.1	△0.5
合 計	764 599	100.0	766 664	100.0	766 654	100.0	743 060	100.0	713 255	100.0	△1.6

注1:内食は,内閣府推計値(家計の最終消費支出のうち食品・飲料・たばこの支出」)から,日本たばこ協会調べによるたばこ販売実績と(財)外食産業総合調査研究センター推計による中食市場規模を差引いた数値を示す.
注2:外食は,(財)外食産業総合調査研究センター推計による.

に」という食の基本を満足させるためになくてはならない醸造調味料として，食品加工の現場でも基礎調味料として，あるいはプレミックス調味料として広く用いられるようになった．加工用・業務用分野では煮物調味料，煮魚調味料，各種丼ものの調味料などそれぞれの料理名を付したプレミックス調味料が開発・提供されており，それを使用する各店舗ではこれをベースにさらに調味料を加えることで独自性を出している．

　惣菜にみりんを利用するとき，食品のてり・つや出し効果は重要である．製造後のおいしさが維持されているかどうかを消費者はまずてり・つやで判断する．大谷ら[5]は，みりんのてり・つやを光沢度として捉えた測定方法を提案し，みりんのてり・つや付与効果に貢献する糖組成について詳細な検討を行っている．それによると，みりんを構成する糖類，すなわち麹の酵素が生成した糖類の1つ1つがてり・つやの付与に大きく影響していることを見出している．また，この知見の中では一般にてり・つやと表現している言葉が，調理用語としての定義も曖昧であったことから，てりとつやのイメージ調査を行い，その相違についても言及している．

　この惣菜市場では保存技術も重要である．日数単位の保存が求められる中で，pH調製剤などの食品添加物を使用した方法が用いられる場合があるが，添加物特有の風味の改善が必要となる．一方で保存技術として，みりんのアルコールによる静菌効果の利用などがポイントとなる．また，保存技術として冷凍・冷蔵技術の果たす役割も大きい．現在では冷凍技術も格段に進歩し，様々

な新規冷凍技術が開発され，原材料の冷凍から惣菜そのものの冷凍へと大きく変化している．みりんを用いて調理された食品惣菜がそのまま冷凍され，消費に至って解凍，食されるが，解凍後の調理効果も要求される．環境指標としても今後，冷凍技術は益々重要になるであろう．すなわち冷凍することで，余剰生産は抑制され，コスト削減はもとより廃棄物の減少まで，環境負荷削減に貢献する冷凍食品の効果は大きい．冷凍に好適で，かつ解凍後に求められる調理効果に，みりんの利用が今後も期待される．

6.2.8 その他の加工食品への利用

みりんの加工食品への利用は，食品分野や目的とする効果によって多岐にわたる．

みりんの添加が原材料の風味や酸化臭の改善に効果があるが，中でも興味深い知見として，レトルト食品特有のレトルト臭の改善効果が知られている．レトルトかまぼこにおいて，硫化水素による異臭の防止にみりんは有効であった．レトルト食品の開封時の微妙な異臭の除去は大きな課題として，現在様々な工夫が各社各様に行われているが，決定的な手段は報告されていない．今後の検討が望まれる．

即席ラーメンのスープにみりんを添加すると即席めん特有の粉臭さが改善され，塩味のカドが取れ，香辛料とのまとまりが良くなるなどの調理効果が評価され，実際に利用されている．

ドレッシング類では酢カドの矯正にみりんは特有の効果を発揮する．ドレッシングには一般に酸味の付与や保存性を持たせる目

的で酢酸が配合されるが，揮発性のツンとした酢酸臭は忌避される傾向にある．この酢酸臭がみりんによって抑制される．この効果はすし酢に広く知られた技術であり，酢のツンとした香りが丸くまとまる．

　卵加工品へのみりんの利用は卵臭の改善に有効である．卵焼き，だし巻き卵などに甘味料として砂糖が多く用いられるが，単独では卵特有の異臭は消えない．みりんの持つ香気成分，糖組成が加熱調理時にその有効性を発揮する．

　みりんが利用される加工食品は効果例をあげていくと非常に広範囲にわたる．当然のことながら，和風食品を中心に使用されてきた歴史から中華，洋風料理への応用例は少ないが，調理効果の検証から今後，使用分野を広げる大きな可能性を有している．今後もますます幅広くみりんの調理における効果・効能を探求することが望まれる．

6.2.9　みりんの加工食品分野における現状と将来

　加工食品業界では，調味料の用途・目的が食品分野ごとに明確である．みりんの持つ調理効果が甘味の改善，てり・つやの付与，焼き色の改善，香味の調整，テクスチャーの改良，静菌作用など，加工食品にも確実に発揮されている．官能検査による判定から，先述のように現在では機器分析を用いた数値的証明まで検討されはじめ，みりんの調理効果がより一層評価されている．これらの調理効果は，グローバル化が進む加工原料，著しい発展を見せる加工技術に生かされ，より効果的な条件設定，工程適性が選択さ

れている．

　酒類は各国の文化であるといわれ，豊かな食文化のために調味料としても大きな役割を果たしてきた．なかでも，みりんは日本特有の酒類であり，このような甘味の高い酒としては他にスペインのマデイラワインぐらいだろうか．

　みりんは焼酎の中でもち米を麹によって分解し，まるで糖を生産しているとでもいえるような特有の製造方法により，数多くの香気成分，糖類，有機酸，窒素成分が醸成され，醸造調味料，酒類調味料として日本料理に確固たる地位を築いてきた．現在ではみりんの持つ調理効果から，和風，中華，洋風料理を問わずに幅広く使用されている．また，みりんは家庭での調理の中で発展してきたものだが，食品添加物の伸長とともに加工食品製造においても用途開発が進められてきた．そして今日では，惣菜市場という巨大産業の中でおいしさと健康の追求，安心・安全な調味料として評価され，みりんは醤油，味噌，酢などとともになくてはならない基礎調味料となっている．

　昨今の食の実情を考えるとき，みりんの利用は，家庭用・業務用・加工用といった区分が意味をなさなくなってきている．加工食品はすでに家庭に浸透しているし，中食・惣菜市場の驚異的な伸長は，スーパー，デパートやCVSの売り場での，朝食・昼食・夕食といった家庭料理の代行の増加を意味している．

　食を取り巻く環境変化の中で各種調味料の利用方法も大きく変化しているが，みりんの基本的な効果・効能はたくさんの調理効果として見事にその役割を果たしているのではなかろうか．しか

しながら,さらにみりんが食品加工において使用拡大するために,より明確な機能成分を特徴とするみりんがあってもよいと思う.調理効果の科学的な解明は進展しつつある.今後はてり・つやの付与,消臭,テクスチャーの改善,静菌効果などを発揮する成分を特化したみりんの開発を期待したい.

参 考 文 献

1) （財）科学技術教育協会出版部編：生活の科学シリーズ 20, 本みりんの科学,（財）科学技術教育協会 (1986)
2) 大江隆子他：日本調理科学会誌, **34** (1), 25 (2001)
3) 髙倉　裕他：日本調理科学会誌, **33** (1), 37 (2000)
4) 髙倉　裕他：日本調理科学会誌, **33** (2), 178 (2000)
5) 大谷貴美子他：日本調理科学会誌, **33** (4), 441 (2000)
6) 森田日出男他：調理科学, **3** (3), 135 (1970)
7) 森田日出男他：水産ねり製品技術研究会誌, **13**(5), 193 (1987)
8) 岡田則行他：*New Food Industry*, **12**, 33 (1970)
9) 高山卓美他：食品と科学, 増刊号, **69** (1970)
10) （社）日本麺類業団体連合会監修：そば・うどん技術教本第1巻 そばの基本技術, 柴田書店 (1984)
11) 的場輝佳他：日本家政学会誌, **47** (1), 59 (1996)
12) 2001年食品マーケティング便覧, 品目No.3, 富士経済 (2001)
13) 光田佳代他：日本調理科学会平成14年度大会要旨集, **35**(2002)
14) 山腰光樹：食品工業, **45** (23), 40 (2000)

〔松田秀喜・森田日出男〕

7章　みりんと類似調味料

7.1　酒類調味料

　調味料の分類としては甘・酸・塩・苦・旨の基本五味を冠する調味料や，天然あるいは化学調味料などの分類，または料理によって和風，洋風，中華風などの呼称があるが，この章で説明する酒類(しゅるい)調味料とは，料理を作る際に調味料として使用する酒類のことをさす．日本における酒類とは，酒税法に「アルコール分1度以上の飲料とすることができるもの」というように定義されており，具体的には，清酒，合成清酒，しょうちゅう，みりん，ビール，果実酒類，ウイスキー類，スピリッツ類，リキュール類および雑酒の10種類に分類される．なお，アルコールを含有していても，例えば白塩を規定以上に加えて不可飲処置を施したものは，酒類から除外される．

　清酒やワイン，紹興酒など各国の代表的な酒類は，飲用とともに和・洋・中華料理には欠かすことのできない調味料でもあるが，料理用として販売されている商品は少ない．みりんは，世界に類を見ない甘味の強い酒類であり，飲用に供する場合は概ね焼酎(しょうちゅう)や水で割って希釈して飲んでいたようであるが，現在ではほとんど甘味調味料として使用されている．以下，料理に使われてい

るみりん類似の甘味調味料について述べる.

7.1.1　赤　　　酒
(1)　赤酒とは
　赤酒(あかざけ)は,清酒の製造工程において,木灰を添加した,いわゆる「灰持酒(あくもちしゅ)」の1つで,熊本県で製造されたもの(肥後の赤酒)をさす.灰持酒には,そのほかに「薩摩の地酒(じしゅ)」,「出雲の地伝酒(じでんしゅ)」があり,製造法や用途もほぼ同じである.これらは,明治初期までは飲用として供されていたが,明治維新以後,上方との交流により,清酒(火持酒(ひもちしゅ)と呼んだ)の需要が大きくなり,赤酒は主に調味料として利用されるようになった.

　赤酒は木灰を添加するため微アルカリ性となり,着色反応(アミノ-カルボニル反応)が進み,コハク色〜赤褐色を呈する.エキス分36〜48%,アルコール分11%程度が一般的な成分である.現在の赤酒は,主に料理酒,正月用の屠蘇酒(とそしゅ),結婚式の酒,御神酒(おみき)として用いられている.なお,赤酒は税法上,「雑酒—ハ,その他の雑酒(1)その性状がみりんに類似するもの」に相当する.

(2)　赤酒の歴史
　赤酒に関しては,1600年代,肥後の国領主・加藤清正公の時代の古文書に,城の普請完成祝いとして大衆に「赤酒」を振る舞ったこと(『御大工大棟梁善蔵ヨリ聞書』)や,清正が大坂城の秀頼・淀君親子に肥後名産品の1つとして「赤酒」を献上したこと(『加藤家御局様咄聞書』)などの記録がある.

赤酒が肥後の特産として現在まで残ったのは，1632年から約250年間，細川氏が領内産業振興策として，赤酒を「御国酒（おくにざけ）」としてこれのみの生産を許可し，「旅酒（たびざけ）」として藩外の火持酒の流入を規制したためと考えられている．

明治維新以降は隣県の清酒の流入などもあり，赤酒の需要は大きく減退し，昭和15年頃には4 000石（720kl）ほどの生産になった．戦後，再生産の要望も高まり，昭和23年から東肥醸造（株）（2001年10月1日より，瑞鷹（株）肥後蔵に名称変更）が製造を再開し，現在の販売量は1 200klほどで，料理酒と飲用の割合は約8：2である．

(3) 灰持酒の起源

赤酒やその他の灰持酒の製造法は，清正が朝鮮出兵の際に持ち帰ったという説もあるが，日本古来の酒の一種であるという説が有力である．

平安初期の宮中の年中儀式や制度を記した『延喜式』(927)に，宮中造酒司（さけのつかさ）で造られた15種類の酒の内容が記載されており，その中に新嘗会（しんじょうえ）用に白酒（しろき），黒酒（くろき）が造られた記事がある．黒酒は，白酒に草木の灰を加えて造られた灰持酒であり，これが赤酒の原型と考えられ，その後，暖地造り向きに若干改良が加えられ，今日に至ったものと推定されている．赤酒と黒酒，江戸時代の伊丹型（当時の酒造りの中心地，伊丹の酒造方法）および現在の清酒の製造時の酒母歩合（しゅぼぶあい），麹歩合（こうじ），汲水歩合（くみみず）を表7.1に示した．

表7.1 赤酒などの各種歩合(%)

	肥後の赤酒	延喜式黒酒	伊丹型清酒	現在の清酒
酒母歩合(酒母米/総米)	10.0	—	9.6	7.0
麹 歩 合(麹米/総米)	35.0	29.0	24.5	21.0
汲水歩合(汲水/総米)	55.0	60.0	97.6	130.0
清酒歩合	(115)	43.0		180.0

酒母:アルコール発酵を行う酵母を大量に純粋培養したもので、麹と蒸米と水を原料として造られる．
汲水:仕込み時に用いる水．
清酒歩合:原料量当たりに得られる清酒の量 (%)．

(4) 赤酒の製造法

① 伝統的製造法

赤酒の製造法は，仕込み配合は異なるが，蒸米を麹で液化・糖化し清酒酵母で発酵させるなど，基本的には清酒の製造法に類似している．醪を長期間目張りをして分解を促進し，上槽直前に木灰を添加することが大きな相違点である．

イ．新夏法

9月〜10月に仕込み，25日めくらいに木灰を加え圧搾し，年末から春先にかけて販売する．初添；15〜17℃，仲添；17〜20℃，留添；26〜30℃と，3回に分けて仕込む．留後2〜3日は32〜33℃にも達するが，その後急激に下降する．

ロ．本夏法

一般的な仕込み配合を表7.2に示した．新米を用い12月〜3月に仕込み，仕込み後100日くらいで灰を加え圧搾する．初添；15〜18℃，翌日踊(酵母を増殖させる過程)，仲添；10〜12.5℃，留添；10℃，留後；3〜4日で30〜32℃にも上

7.1 酒類調味料

表7.2 本夏仕込みの配合例

	酒 母	初 添	仲 添	留 添	計
総米(kg)	168	252	420	840	1 680
蒸米(kg)	120	162	270	540	1 092
麹米(kg)	48	90	150	300	588
汲水(L)	172.8	180	216	360	928.8

昇する．糖化が急進し，発酵が抑制され，その後は品温が下降する．留後13～14日頃から1か月くらいは櫂入れ（櫂棒という撹拌用棒で均一に混ぜる）をするが，その後は目張りし90日ほど放置し，灰を添加しアルカリ性として翌日圧搾する．

② 現在の製造法

製造フローを図7.1に示した．なお，現在は通常4月～7月に製造されている．

イ．原料米

90～92%精白米（飯米程度の精米歩合）を使用．

ロ．麹および酵母

麹は3日麹（老ね麹），酵母は「協会7号」を使用．

ハ．醪

最高温度32℃，約60日後に圧搾．アルコール分13～14%．

ニ．木灰添加

清酒に1kg/kl程度添加し，翌日ろ過．酒税法上，着色度は0.2（OD430nm）以上が必要．木灰は人吉産クヌギ，カシの灰を使用．

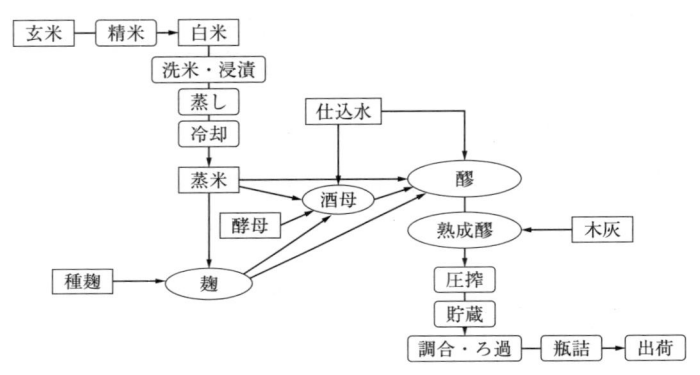

```
玄米 → 精米 → 白米
              ↓
          洗米・浸漬
              ↓
             蒸し
              ↓
             冷却
              ↓
             蒸米 ──→ 酒母 ──→ 醪 ←── 仕込水
              ↓       ↑        ↓
             酵母      │     熟成醪 ←── 木灰
                      │        ↓
     種麹 ──→ 麹 ─────┘       圧搾
                               ↓
                              貯蔵
                               ↓
                         調合・ろ過 → 瓶詰 → 出荷
```

図7.1 赤酒の製造フロー

ホ．火入れ

　木灰添加により，微アルカリ性となるため火落菌(ひおちきん)の繁殖はなく，火入れはせず出荷している．

(5) 赤酒ほか灰持酒の成分

　赤酒ほか灰持酒の一般成分を表7.3に，ミネラル含量などを表7.4に示した．

(6) 赤酒の料理への用途

① 料理用としての特徴

　イ．微アルカリ性のため，肉や魚の身をしめることなく，素材の持ち味を生かすことができる．

　ロ．発酵により醸し出されたコクのあるうま味成分が多量に含まれ，甘味も上品で，料理をてり・つや良く仕上げる．料理が冷めてもてりが落ちない．

表7.3 赤酒などの一般成分

	赤 酒 A	赤 酒 B	地 酒 A	地 酒 B	地伝酒 A	地伝酒 B	清酒 A	みりん A
アルコール(%)	11.5	11.5	13.5	15.2	10.5	16.1	15.5	14
エキス分(%)	35.6	48.1	24.4	22.5	26.0	23.4	4.42	48
ボーメ度	15.4	20.6	10.2	9.0	11.3	9.3	0.45	20
直接還元糖(%)	29.4	38.0	21.2	19.0	10.9	—	2.26	41
酸度	0.2	0.35	1.2	1.5	1.3	—	1.15	0.4
アミノ酸度	1.9	2.1	2.2	3.6	—	8.6	1.15	26
pH	6.64	6.16	4.64	4.84	—	—	4.46	5.68
着色度(430nm)	0.940	1.350	0.188	0.365	—	—	0.047	0.070

表7.4 赤酒などのミネラル含量およびアルカリ度

	赤 酒 A	赤 酒 B	地 酒 A	地 酒 B	地伝酒 A	地伝酒 B	清酒 A	みりん A
Na (ppm)	874	874	420	660	—	—	19	400
K (ppm)	105	68	37	130	—	—	34	205
Ca (ppm)	705	860	20	26	—	—	22	4
Mg (ppm)	32	33	11	28	—	—	10	44
アルカリ度*	36.0	42.0	-2.6	-0.8	—	—	-7.0	—

*アルカリ度:試料100mlを燃焼して得られる灰分の中和に要する1/10規定の硫酸のml数.

ハ. 煮切らず使えるので,便利で経済的である.

ニ. アクのある野菜を煮ても色が変わらず,きれいに仕上がる(微アルカリ性のため).

ホ. 甘さもベタベタせず,味の切れが良く,スッキリしている.

② 料理への使用例

イ. 焼きだれ

　醬油1.5カップ,赤酒1カップ,砂糖1.2カップ.以上を合

わせ，弱火で煮詰めて用いる．

ロ．うなぎ蒲焼

醤油1カップ，赤酒2カップ，たまり醤油1/3カップ．以上を合わせ，ウナギの身，頭，中骨を白焼きにして入れ，弱火で煮詰めて用いる．

ハ．魚の煮付け

醤油1/2カップ，赤酒1/2カップ，清酒1カップ，砂糖大さじ3．魚のうろこなどきれいに取ってよく水分を取り，古根ショウガの薄切りを入れて炊く．

ニ．はも柳川鍋

醤油1カップ，赤酒2カップ，清酒2カップ，だし汁4カップ．以上を合わせ，一度追いがつおをしてこし，用いる．

ホ．丼ものの汁

醤油1カップ，赤酒2カップ，だし汁3カップ．以上を合わせ，一度沸かし，冷やして用いる．

その他，ポン酢，そばつゆ，すき焼きの割下，鶏の照焼，天つゆなどに利用されている．

参考文献

1) 久野耕作：醸協，**71**，634 (1976)
2) 原　昌道：醸協，**71**，772 (1976)
3) 高宮義治，浜田康太郎：醸協，**77**，634 (1982)
4) 吉村常助：赤酒の話，東肥醸造（株）(1996)
5) 東肥醸造（株）：料理用東肥赤酒パンフレット

〔高橋康次郎〕

7.1.2 老　　酒（香雪酒）

(1) 老酒とは

　中国の醸造酒のうち，米や麦，粟(あわ)などの穀物を主原料とし，麹の力で糖化・発酵させて造られたものを総称して「黄酒(ホアンチュウ)」と言い，新酒をカメに入れて長期にわたり貯蔵して熟成させ，芳香ある醇厚(こう)な古酒にしたものを「老酒(ラオチュウ)」と呼ぶ．中国各地で造られている黄酒は，原料と麹の酒類が地域によって違ううえ，製法も地域や工場ごとに異なっているので千差万別といってよいほどバラエティに富んでいる．老酒も「即墨老酒」や「福建老酒」など種々あるが，老酒の起源が浙江省の紹興といわれるように，紹興で造られた老酒は特に「紹興酒(シャオシンチュウ)」と呼ばれており，われわれ日本人にとり最も馴染みの多い老酒である．

　紹興酒は，世界の三大美酒の1つといわれ，2400年の伝統を誇る中国八大銘酒の1つであり，中国では略して「紹酒(シャオチュウ)」と呼ばれ，黄酒・老酒を代表する酒である．

　また，直糖（直接還元糖）分が10％以上もある甘い黄酒の代表的なものに「紹興香雪酒(こうせつしゅ)」がある．このほかにも江蘇・浙江地方には，糯米酒(もちまいしゅ)，甜黄酒(てんこうしゅ)，蜜酒(みつしゅ)といった名称の甘い酒が存在する．

　なお，紹興酒をはじめとする中国の老酒は，日本の酒税法上では，「雑酒―ハ，その他の雑酒（2）その他のもの」に分類されている．

(2) 紹興酒について

　紹興は，上海の西南，杭州湾に近い水郷で，文豪魯迅(ろじん)の生誕地としても知られており，日本の灘五郷(なだごごう)に似た酒処である．紹興酒

の歴史は2400年以上といわれ，春秋時代，越王(えつおう)の居所「会稽(かいけい)」は，紹興の昔の地名として有名である．

紹興酒は，いずれも2年以上貯蔵することにより熟成させるが，この過程を「陳醸」と言い，「酒齢」3年以上のものは「陳年酒」，あるいは貯蔵年数により「陳5年」などと表示する．

品質面から分類すると，「元紅酒(げんこうしゅ)」，「加飯酒(かはんしゅ)」，「善醸酒(ぜんじょうしゅ)」，「香雪酒」，「花彫酒(はなほりしゅ)」があるが，日本に輸入されているのは，ほとんどが「加飯酒」である（醸造方法の分類からすると「花彫酒」は「加飯酒」と同じ）．輸入通関統計によると，1997年には過去最高の8 500kl，2000年には7 800klの紹興酒が輸入されている．

(3) 紹興酒の製造法

伝統的製造法と新式（機械化）製造法があるが，日本に輸入される紹興酒は概ね伝統的製造法によるものである．製造フローを図7.2に示した．なお，仕込みは11月～3月の気温が低い時期に行われている．

① 原　　料

飯米程度に精白（90％）したもち米を使用．

② 酒薬(しゅやく)

「小曲(しょうきょく)（曲＝麹）」とも言い，酒母を立てるときに入れる酵母の種を兼ねた麹．白薬と黒薬があるが，紹興酒に使用される白薬は，うるち米粉に乾燥させたヤナギタデの若葉を粉にして練り，団子にした後，古い酒薬を接種して麹室(こうじむろ)で約4週間培養して作る．酒薬中に存在する主要な微生物は，クモノスカビ，ケカビ，酵母などである．

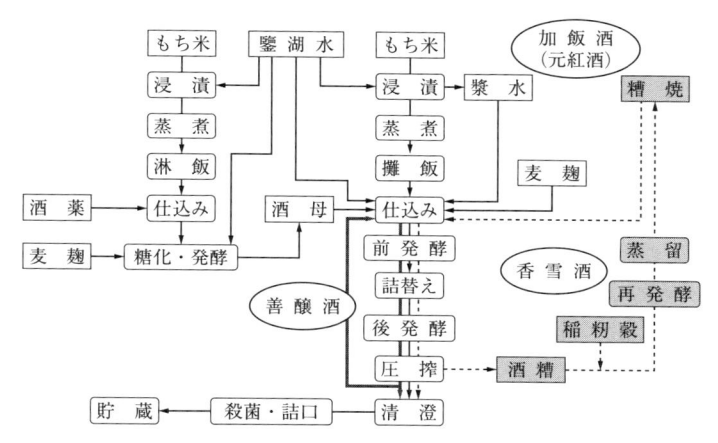

図7.2 紹興酒の製造フロー
加飯酒と元紅酒の違いは，もち米の量と汲水の量．フローは同じ．
（―→：善醸酒のみのフロー　‑‑‑▶：香雪酒のみのフロー）

③ 麦　麹

小麦を挽き割ったものをレンガ状に固めて作る．稲わらを敷いた室(むろ)で約1か月かけて製麹(せいきく)する．培養中にクモノスカビやケカビが繁殖する．仕込み時には粉砕して使用する．

④ 鑒湖水(かんこすい)

紹興市の近くにある会稽山系の伏流水が集まる水系の水を仕込水として使用．中国でもまれな硬度の低い清らかな水で，古来から酒造りに最も適しているといわれてきた．日本の醸造水（灘，伏見）と比べると硬度は高い．

⑤ 漿水(しょうすい)

もち米を約15日間浸漬して得た水で，乳酸菌などが繁殖して

酸性になる．この漿水は仕込み時に雑菌の繁殖を抑え，酵母の発酵を助ける．

⑥ 淋飯（リンファン）

「淋」には「水を掛ける」「水がしたたる」「濡れる」「ろ過する」の意味があり，「淋飯」とは，蒸した後の米を1～2回水で放冷することである．淋飯酒は攤飯酒（タンファン）の酒母として使われる．淋飯酒に用いるもち米の浸漬時間は36～48時間である．

⑦ 攤飯

「攤」には「広げる」「伸ばし広げる」の意味があり，「攤飯」とは蒸したもち米を竹ムシロの上に広げて放冷することである．攤飯酒に用いるもち米の浸漬時間は，淋飯酒に比べ15～20日と長い．

⑧ 仕込み

伝統的製造法では，容量約500Lの大ガメで前発酵を行う．清水，米飯，麦麹，酒母，漿水の順に入れ，よく撹拌する．仕込み時の品温は通常24～26℃で，最高でも28℃を超えない．品温が高くなると櫂入れをして下げる．5～8日（加飯酒では15～20日）を経て主発酵が終わると醪を24Lの小ガメに移して，後発酵に入る．加飯酒で全発酵期間は80～90日である．

⑨ 糟焼（ファオシャオ）

圧搾した後の酒粕を「酒糟」と言い，稲籾殻（もみがら）を加えて再発酵させた後，蒸留して得た焼酎を「糟焼」と言い，「香雪酒」の仕込みに使用する．約100kgの酒糟から，2度にわたる再発酵の操作で糟焼30kgが得られる．

⑩　紹興酒4品種の違い

元紅酒：紹興酒造りの基本．ほとんどが中国国内で消費される．
　　　　ドライタイプ．

加飯酒：元紅酒と比べ原料配合比率では汲水(くみみず)が少なく，1割以
　　　　上もち米を多く使用．貯蔵期間も長く，そのぶんコク
　　　　と香りに富む高級品．セミドライタイプ．

善醸酒：甘口の紹興酒．1～3年貯蔵した元紅酒を仕込水に一
　　　　部使用．日本でも同じ原理で醸成された清酒が「貴醸
　　　　酒」と名付けられている．セミスイートタイプ．

香雪酒：仕込水の代わりに紹興酒粕取焼酎(かすとりしょうちゅう)である「糟焼」を使
　　　　用．日本のみりんの製造に似ている．また，酒の色つ
　　　　やを深みのあるものにする麦麹の使用量が少なくてよ
　　　　く，主として白色の酒薬で糖化させるので，酒糟の色
　　　　が雪のように白いことから，この名が付いた．酒液は
　　　　コハク色で優雅な芳香があり，コクとあっさりした甘
　　　　味がある．紹興酒中では高級品である．スイートタ
　　　　イプ．香雪酒の製造法を次に示す．

(4)　紹興香雪酒の製造法

　前述のとおり，紹興香雪酒は紹興酒の醸造法が基本であるが，粕取焼酎（50%）を加えて醪アルコール度数が20%にもなるので，発酵は止まるが直糖分だけは増えて，甘いリキュールタイプの酒ができる（図7.3）．香雪酒は，アルコール度数ならびに糖分が高いため，季節制限を受けないが，通常は夏季に生産される．日本のみりんは発酵過程がないが，香雪酒に非常に近いものと言える．

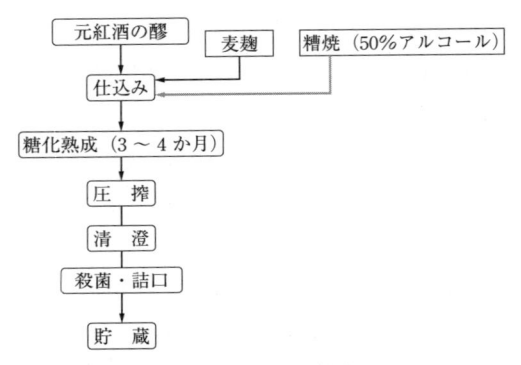

```
┌─────────────┐   ┌────┐  ┌──────────────────┐
│ 元紅酒の醪 │   │麦麹│  │糟焼（50%アルコール）│
└──────┬──────┘   └─┬──┘  └─────────┬────────┘
       │   ┌────────┤              │
       └──▶│ 仕込み │◀─────────────┘
           └───┬────┘
       ┌───────▼────────┐
       │糖化熟成（3〜4か月）│
       └───────┬────────┘
           ┌───▼───┐
           │ 圧 搾 │
           └───┬───┘
           ┌───▼───┐
           │ 清 澄 │
           └───┬───┘
         ┌────▼─────┐
         │殺菌・詰口│
         └────┬─────┘
           ┌──▼──┐
           │貯 蔵│
           └─────┘
```

図7.3 紹興香雪酒の製造フロー

(5) 香雪酒ほか紹興酒の成分

紹興酒の主要4品種の成分比較を表7.5に，香雪酒の分析値例を表7.6に示した．

(6) 老酒（香雪酒）の料理への用途

① 料理酒としての特徴

日本料理に清酒やみりんが欠かせないように，中国料理にも老酒が調味料として使われる．中国の料理書には，日本の「清酒大さじ1杯」のように，「紹酒15克（克 = g）」などの記述が見られ

表7.5 紹興酒の主要4品種の成分比較

	元紅酒	加飯酒	善醸酒	香雪酒
類　型	ドライ	セミドライ	セミスイート	スイート
アルコール（%）	15〜16	16〜18	14〜15	18〜20
含糖量（%）	0.5以下	0.5〜3.0	3.0〜10.0	10以上
総酸度（コハク酸換算%）	0.45以下	0.45以下	0.55以下	0.55以下

(中国軽工業部公布基準)

る．様々な調理法の中でも特に「蒸す」料理によく使われている．

紹興料理の料理書である『紹興民間伝統採譜』を見ると，特に「魚」「蝦(エビ)」「蟹(カニ)」など水産物を調理する場合に「紹酒」を使用する記述が多い．料理名をあげると，

表7.6 香雪酒の分析値例

成　　分	分析値
アルコール度（vol％）	20.4
比　重	1.052
pH	4.32
滴定酸度	4.05
アミノ態窒素（mg％）	45.5
直接還元糖（％）	16.4
全　糖（％）	16.8

「蒸」料理では「清蒸李花魚」「清蒸河鰻」「清蒸文武魚」があり，そのほか肉・野菜の料理にも使用される．また「酔」料理には「酔蝦」「酔蟹」「酔麻蛤」がある．水産物を紹興老酒と醬油で浸漬する料理を紹興では「酔」と称する．

『江南名菜名点譜・紹興菜』中の，現代紹興料理を代表する185種類の料理のレシピには，豆腐料理のようなきわめて淡白な料理を除いて，冷菜やスープ・シチューの類，海や川の鮮魚類，鳥肉類の料理にはほとんど全部と言ってよいほど，紹興酒が調味料として使われている．ここでの「紹興酒」は，「元紅酒」あるいは「加飯酒」であり，特に甘い「香雪酒」を使用している料理は見られない．

調理効果としては，日本料理における「清酒」と「みりん」の両者に共通の機能である，マスキング，隠し味などが主体で，甘味調味料としての機能は少ないと思われる．

② 料理への使用例

表7.7に紹興酒を使用した代表的な料理を示す．

表7.7 紹興酒を使用した料理例

鶏肉の紹興酒煮	あさりの紹興酒蒸し	五目炒飯
(材 料) 鶏もも肉…2枚 長ネギ…1/2本 ショウガ…10g (調味料) 紹興酒…100cc 塩…小さじ1/2 たれ 　酢…大さじ2 　醤油…大さじ2 　カラシ…小さじ1/2	(材 料) アサリ…500g ニンニク・ショウガ・ネギ各々みじん切りで大さじ1 (調味料) 紹興酒…1/3カップ 醤油…大さじ1 豆板醤…小さじ1 コショウ…少々	(材料：4人分) 冷ご飯…4カップ 卵………2個 タマネギ…100g タケノコ…50g シイタケ…2枚 ピーマン…1個 ニンジン…40g ハム…2枚 (調味料) 紹興酒…大さじ2 塩…小さじ1/2 醤油…小さじ2 コショウ…少々
(作り方) ① 鶏もも肉に金串やフォークで数か所穴をあけ、塩を振りかける。 ② 鶏もも肉を紹興酒と長ネギ、ショウガ、塩、水(100cc)と一緒に煮にする。10～20分蒸しにする。 ③ 蒸し上がったら冷やし、薄切りにする。 ④ 皿にレタスやトマトなどの野菜と一緒に盛り合わせ、たれをつけて食べる。	(作り方) ① みじん切りの野菜をサラダ油で炒め、アサリを加えて手早く炒める。 ② 鍋肌から紹興酒を注ぎ、他の調味料も加えて蓋をして蒸し煮にする。	(作り方) ① 卵を割りほぐし、塩・コショウをする。 ② タマネギ、タケノコ、シイタケ、ニンジン、ピーマン、ハムを5mmの角切りにする。 ③ 卵を半熟状態にまで炒めて、別にしておく。 ④ タマネギ、タケノコ、シイタケ、ニンジンを炒め、ほぐした冷ご飯とピーマンを加えて混ぜる。 ⑤ 塩・コショウで味付けし、ハムとピーマンを加えて混ぜる。 ⑥ 仕上げに紹興酒と醤油を振りかけ、皿に盛り付ける。

参 考 文 献

1) 花井四郎:黄土に生まれた酒,東方選書,東方書店 (1992)
2) 康　明官:黄酒生産問答,中国北京軽工業出版社 (1987)
3) 大谷　彰:中国の酒,柴田書店 (1974)
4) 紹興市政協文史資料委員会編:紹興酒文化,中国百科全書出版社上海分社 (1990)
5) 紹興県文聯編:紹興民間伝統菜譜,中国国際広播出版社 (1990)

（大田黒康雄）

7.1.3　マデイラワイン

　マデイラワイン[1,2]は,ポルトガルの首都リスボンの南西1 000kmの大西洋上に浮かぶマデイラ島（図7.4）で製造される酒精強化ワインである．スモーキーな香りと,ほのかなカラメルの味,デリケートな酸味が特徴の,シェリー,ポートに並ぶ世界三大酒精強化ワインの1つである．マデイラワインは食前酒,食後酒として楽しまれ,また,マデイラソースの原料として,調理にもよく使用される．

(1) マデイラワインの歴史

　エンリケ航海王により開拓された,大西洋上に浮かぶ楽園マデイラ島の首都フンシャルは,大航海時代,アフリカ,アジア,南アメリカ航路の重要な補給基地として栄え,16世紀にはマデイラワインが産業として確立したとの記録がある．しかし,初期のマデイラワインは酒精強化されておらず,目的地に到達する前に劣化してしまうことが多かった．そこで,アルコールを添加し,

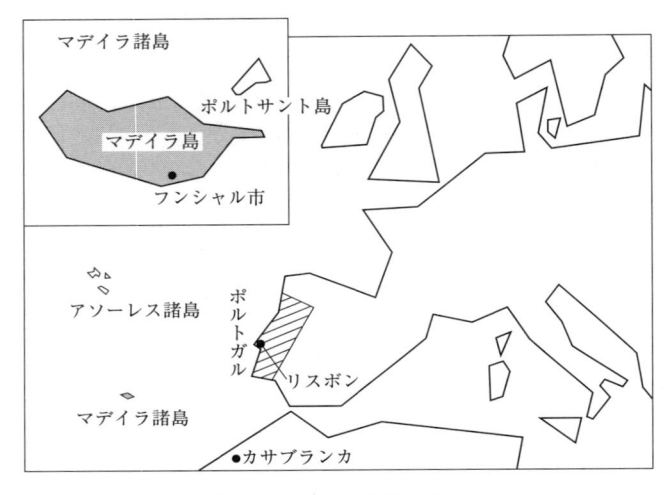

図7.4 マデイラ島の位置

保存を図ることが行われたが，18世紀に入るまで，酒精強化は一般的にはならなかった．その後，ポートワインの製法にならい，ブランデーを添加し，アルコール濃度を高めることにより，保存性を良くすることができた．

17世紀の後半には，東インド会社などがインドへの定期航路を運行し，フンシャルで必ず樽入りのワインを積んだ．このワインは長い航海の間ゆられ，熟成し，まろやかになり，さらに熱帯地域の航海により高温にさらされ，ワインに焼け焦げたような風味が付与された．この焼け焦げたような風味が賞賛され，マデイラワインのスタイルが出来上がってきたといわれる．この製法は1900年初頭まで行われていた．しかし，これでは非常に高価な

ものになってしまうことから，経済的に成り立たなくなり，18世紀末には，エストファ（Estufa）と呼ばれる加熱室（30〜50℃）が開発され，そこでワインを貯蔵することにより独特の風味を人工的に付けるようになり，現在のマデイラワインの製法が完成した．

17世紀の北アメリカ開拓時代に，マデイラワインは高く評価され，英国では特に珍重されるようになった．アフリカのポルトガル植民地やブラジルにも大量のマデイラワインが輸出された．19世紀半ばまでマデイラワインは隆盛を誇った．しかし，1851年にウドンコ病がマデイラ島に上陸し，約3年間ブドウ生産は大きな打撃を受けた．この事態に対しては，硫黄を含む農薬の散布で切り抜けたが，間もなく，ヨーロッパ中に広まったフィロキセラ（ブドウ根アブラムシ）の蔓延により，ブドウ生産は崩壊した．1884年に米国産のブドウ台木に在来種を接ぎ木することで，ブドウ生産は回復に向かった．しかし，マデイラ島のワイン産業が元に戻ったのは20世紀初頭であった．

ヨーロッパ中に広がったマデイラワインは，食前酒，食後酒として楽しまれ，多くの貴族や王室でも愛飲された．王室には専属の宮廷料理人がおり，ワインは調味料として多用されていた．日々の料理の工夫の中で，ポート，シェリー，マデイラなど酒精強化ワインも料理に取り入れられていった．特に，甘口タイプのマデイラワインは，牛肉，フォアグラなどの肉料理の風味を引き立てるソース原料として，その地位が確立されていったと考えられる．

(2) マデイラワインの製法

マデイラワインは前述したように，18世紀後半からエストファ（ストーブの意）という加熱室（アルマゼン・デ・カロール，Armazens de calor）または加熱桶（クーバ・デ・カロール，Cubas de calor）で30～50℃で人工的に熟成するようになり，現在の製造方法が確立された．しかし一部の，特に高級なマデイラワインは，今でも自然の熱を利用し熟成して造られている．スタンダードクラスは加熱桶で熟成し，ビンテージものは加熱室に長期間置かれる．マデイラワインは3年以上の熟成期間が義務付けられ，Reserva は5年，Special Reserva は10年，Extra Reserva は15年，最高級の Vintage Madeira は樽熟成20年，瓶熟成2年が必要である．

マデイラワインに使用されるブドウは，白ブドウ系のマルバシア（Malvasia），ブアル（Bual），ヴェルデリョ（Verdelho），セルシアル（Sercial）の4品種であり，ブドウ品種名がそのままワインのタイプになっている．ただし，マルバシアから醸造されるワインはマルムジー（Malmsey: Malvasia の英名）と呼ばれる．マルムジーは甘口，ブアルは中甘口，ヴェルデリョは中辛口，セルシアルは辛口ワインである．マデイラワインには低価格のものもあり，これはフィロキセラの被害以降に多く植栽されたローカル品種 Tinta Negra Mole から醸造される．品種名を謳ったワインは，その品種を85%以上使用し，5年以上熟成することが法律で決められている．普通のブレンドもののワインタイプは，Dry, Medium Dry, Medium Sweet, Sweet あるいは Rich と表記され

る．

　マデイラワインでは加熱処理（エストファゲン，Estufagem）が重要な製造工程である．スタンダードクラスのマデイラワインは，通常20〜50kl容量の防水加工したコンクリートタンクであるクーバ・デ・カロール（加熱桶）で加熱される．タンクの中央部にステンレスのコイルがあり，これに温水を通し，ワインを40〜50℃で最低3か月加熱する．ビンテージものは600L容量の樽に入れられ，樽は30〜40℃のアルマゼン・デ・カロール（加熱室）に6か月から1年間置かれる．この処理は加熱桶の場合よりマイルドで，Reserva（5年熟成）あるいは Special Reserva（10年熟成）となる．

　非常に高級なマデイラワインはエストファを使用せず，フンシャル市内のひさしの下に600L容量のパイプを配置し，太陽だけの熱により，自然にエストファゲンを行い熟成させる．これはさらに樽で20年以上熟成され，Vintage Madeira となる．

　収穫されたブドウは，メーカーで25kl容量の樽または防水加工したコンクリートタンクで発酵させる．最大規模のメーカーの1つは，1960年代に誤ってポートワイン用のステンレスタンクを導入し，現在もステンレスタンクを使用している．通常の高級ワインはアルコール度数95%のグレープスピリッツ（ブランデー）を添加することにより発酵を途中で止める．酒精強化ワインの1つであるポートワインの場合，添加するブランデーのアルコール濃度は76〜78%であり，出来上がるポートワインのアルコール度数は17〜18%である．マデイラワインでは，甘口のマルムジー，

中甘口のブアルの場合，糖が残っている発酵初期にアルコールが添加される．ヴェルデリョ，セルシアルの場合は，糖が食い切られドライになるまで発酵させ，その後アルコールを添加する．この後，さらに糖が加えられることもある．極甘のマデイラワインであるスルド（Surdo）は，アルコール濃度20％まで酒精強化される．

原料用ワインの製造では，全てのワインはドライになるまで発酵され，エストファでエストファゲン（加熱処理）し，その後，酒精強化を行う．エストファゲンによりアルコールが飛ぶので，これを補うためである．酒精強化後，種々のタイプに応じて糖を加え，カラメルもよく添加される．ワインの熟成期間は加熱処理終了時点から数える．

代表的なマデイラワインのマルムジー，ブアル，ヴェルデリョ，セルシアルの製造方法を図7.5に示す．甘口，中甘口のマルムジー，ブアルの製造では，果皮と一緒に果汁を発酵させる．中辛口，辛口のヴェルデリョ，セルシアルは，普通の白ワインと同じく，果汁のみを発酵させる．

(3) マデイラワインの成分

マデイラワインの中で，甘口のマルムジーが西洋料理，特にフランス料理のソースの素材としてよく使用される．マルムジーと料理用の白および赤ワイン，みりんとの成分比較を表7.8に示す．

マデイラワイン（マルムジー）は酒精強化しているので，通常のワインに比べ，アルコール度数が約7％高い．また，エキス（糖度）も10％程度高い．普通のワインはみりんと比べ酸度が10

```
                        ┌─ ブドウ収穫 ─┐
                              ⇩
                    ┌─ 除梗・破砕・圧搾 ─┐
                              ⇩
```

マルムジー	ブアル	ヴェルデリョ	セルシアル
果皮と果汁を発酵	果皮と果汁を発酵	果汁を発酵	果汁を発酵

⇩ ⇩ ⇩ ⇩

ブランデー添加

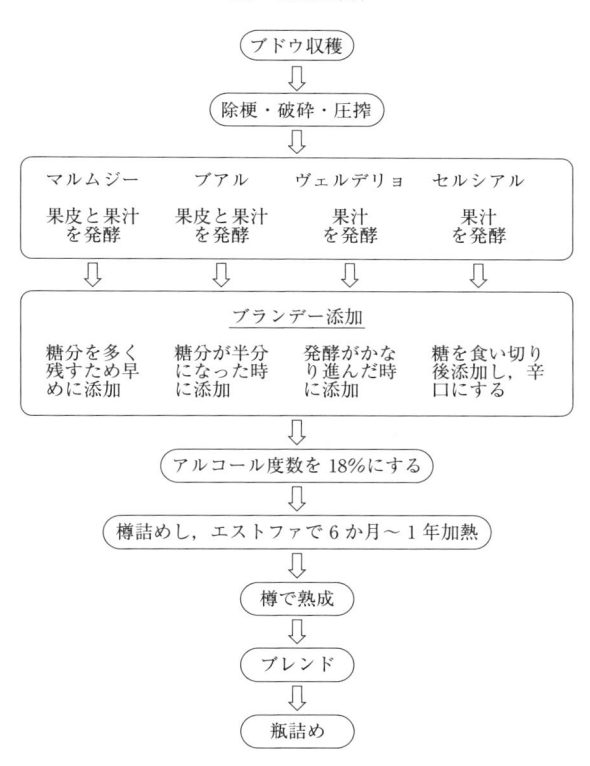

糖分を多く残すため早めに添加	糖分が半分になった時に添加	発酵がかなり進んだ時に添加	糖を食い切り後添加し，辛口にする

⇩
アルコール度数を18％にする
⇩
樽詰めし，エストファで6か月〜1年加熱
⇩
樽で熟成
⇩
ブレンド
⇩
瓶詰め

図7.5 マデイラワインの製造方法

倍程度高いが，マルムジーは原料ブドウの酸度が高く，その高い酸度が生かされており，糖度が高く甘いが，高い酸度とうまくバランスのとれたワインである．また，加熱・熟成処理を行うため，カラメル様の着色が進み，褐色透明な色調となる．

表7.8 マデイラワインと料理用ワイン，みりんとの成分比較

分析項目	マデイラワイン(マルムジー)	料理用白ワイン	料理用赤ワイン	みりん
アルコール (%, v/v)	18.7	11.7	11.1	14.2
エキス (%, w/v)	13.7	2.6	3.4	48.1
滴定酸度 (ml)	8.7	6.4	7.2	0.5
遊離 SO_2 (ppm)	5.6	28	25	0
総 SO_2 (ppm)	42.0	115	107	0
pH	3.4	3.1	3.4	5.7
吸光度　OD 430nm	3.26	0.06	2.51	0.05
OD 520nm	1.23	0.01	2.45	0.02
OD 660nm	0.19	0	0.15	0

(4) マデイラワインの調理効果

　西洋料理，とくにフランス料理では，ソースに単に甘さを加えたいときはポートワインを多用するが，マデイラワインを使用すると，そのスモーキーなカラメル風味が，牛肉，フォアグラなどの各種肉類や，トリュフなどの風味を引き立てる．マデイラワインをソースに用いるときは，コクのある甘さと粘度や酸味を期待する場合が多く，マデイラワインを1/4から1/5に濃縮することが多い．濃縮によりワインの香りをあまり損ねずに，ソースに甘さ，粘度，酸味が付与される．料理の風味を高め，コクを出す目的で，ビーフシチューやハッシュドビーフなどに添加される．

　マデイラワインの調理効果を辛口の白ワインと比較したものを図7.6に示す．デミグラスソース，ハッシュドビーフ，豚ヒレ肉のはさみ焼き，鶏肉冷製アップルソースに，各々同量のワインを添加し，調理を行い評価した．その結果，4品ともマデイラワインを添加した方がおいしくなることがわかった．デミグラスソー

デミグラスソース／ハッシュドビーフ／豚ヒレ肉のはさみ焼き／アップルソース（鶏肉の冷製）のレーダーチャート（評価項目：総合評価、色の濃さ、香りの好ましさ、甘味の強さ、酸味の強さ、コク・味の厚みの強さ）。マデイラワインと白ワインを比較。

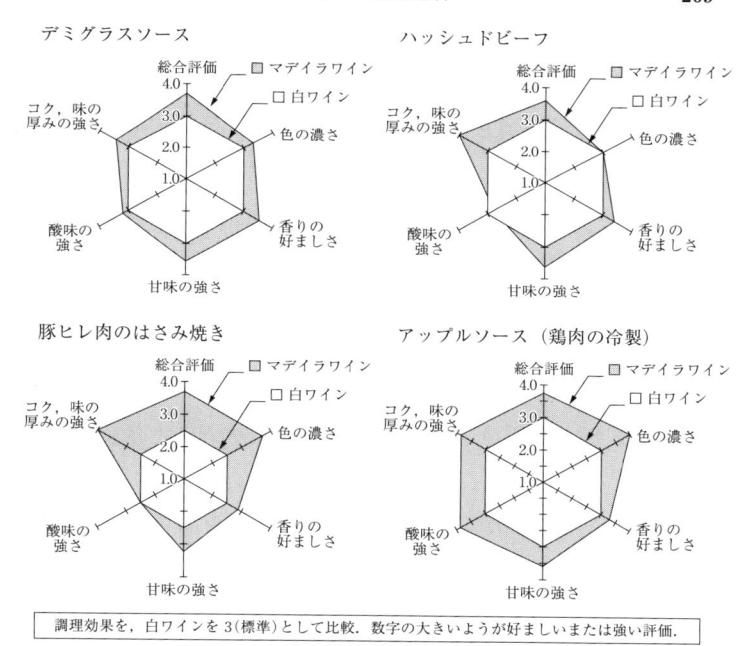

調理効果を，白ワインを 3 (標準) として比較．数字の大きいようが好ましいまたは強い評価．

図 7.6 マデイラワインの調理効果（メルシャン（株）酒類研究所）

スでは，白ワインに比べ，コクと風味のある一層おいしいソースに仕上がる．ハッシュドビーフは「香りの好ましさ」「甘味の強さ」「コク・味の厚みの強さ」で評価が高く，特に味の厚みの評価の高いことが，総合的なおいしさに繋がっている．カラメル様の味を有する料理は，マデイラワインとの相性が良く，風味の引き立つことがわかる．マデイラワインの特徴を生かし，照焼の調味液，すき焼きのたれ，中華風のたれなどにも応用可能である．

(5) 調理用途およびレシピ

マデイラワインは，主として①マデイラワインの個性の利用，②隠し味，③カラメル様風味を生かす用途，に使用される．①では，マデイラソース，ニューバーグソースなどに用いられる．マデイラソースは，マデイラワイン特有の酸化熟成香と甘さを利用し，牛肉，鶏肉，内臓料理のソテー，ポワレ，グリエなどに合わせる．②の隠し味としては，シチューやデミグラスソースなどフォンドボー，ブラウンソース系統のソースや煮込み料理の風味付けに利用される．③はプディング，アイスクリーム，アップルパイなど，カラメル様の風味を生かしたデザート類に使用される．

マデイラワインを使用した代表的なソースの調理レシピ[3]を以下に示す．

(1) マデイラ風味アップルソース

材料（出来上がり500ml分）…リンゴのピューレ200ml，マデイラワイン300ml，オレンジ2個（皮はすりおろし，汁を絞り，こす），レモン1個（汁をこして使用）．

作り方…マデイラワインにオレンジの皮を加え，約半量になるまで煮詰める．これにリンゴのピューレを加え，加熱しながら好みの濃度まで煮詰める．冷ましてから，オレンジとレモンの絞り汁を加えて混ぜ，仕上げる．このソースは冷製の鶏や肉料理に添えるソースである．

(2) 肉料理用マデイラソース

材料（出来上がり750ml）…薄切りタマネギ1個，ニンニク10

かけ，植物油80ml，トマトピューレ500ml，オレンジ2個（皮はすりおろし，汁を絞り，こす），レモン1個（皮はすりおろし，汁を絞り，こす），カイエンヌペッパー少々，みじん切りのパセリ大さじ2，刻みミントの葉大さじ2，マスタード少々，マデイラワイン100ml．

　作り方…植物油を鍋に入れ，中火でタマネギとニンニクを色が付くまで炒める．これにトマトピューレ，オレンジの皮と絞り汁，レモンの皮と絞り汁，カイエンヌペッパー，パセリ，ミント，マスタード，マデイラワインを混ぜ，十分火を通し，ソースを仕上げる．このソースはイノシシ，ウサギ，シカ，豚肉などの肉料理に添える．

(3) ニューバーグソース

　材料（出来上がり350ml）…ロブスター800g程度のもの1尾（新鮮なものを殻ごと切り分け，卵巣と肝臓は別にしておく），バター70g，植物油大さじ4，塩少々，カイエンヌペッパー少々，ブランデー100ml，マデイラワイン200ml，生クリーム200ml，魚のフュメ（魚のだし汁）200ml．

　作り方…別に取っておいたロブスターの卵巣と肝臓にバター30gを入れ，突きつぶし，別にしておく．鍋にバター40gと植物油を入れ，ロブスターの腹，はさみ，頭胸部をソテーし，塩とカイエンヌペッパーを振り入れる．ロブスターの殻が十分赤く発色したら，鍋の油脂を捨て，ブランデーを注ぎ入れ，火をつける．火が消えたら，マデイラワインを加える．汁が1/2量に煮詰まったら，生クリームと魚のフュメを加え，さらにとろ

火で25分間加熱する．ロブスターを取り出し殻をむき，身を賽(さい)の目に切る．煮詰めた液をこしてから，卵巣と肝臓を混ぜたバターを加える．これを沸騰させ味を整えて，好みにより，賽の目に切ったロブスターの身をソースに戻す．このソースは，舌ビラメ，サケ，マスなど魚料理に添える．

マデイラワイン[2]はカレー，ハッシュドビーフ，ビーフシチュー，ステーキソース，スパゲティソースなどに，2～8%程度の少量を添加することにより，味にコクと深みを付与し，料理に高級感を与える．また，フレンチドレッシングに1～2%添加すると，酸がマイルドになり，味に複雑さが出て，おいしくなる．従来，ホテルや高級レストランで上等なソースの原料として使用されてきたマデイラワインであるが，今後はその特性を生かし，用途がますます広がることが期待される．

参 考 文 献

1) J. Robinson : The Oxford Companion to Wine, p.586, Oxford University Press, New York (1994)
2) 佐藤充克：ジャパンフードサイエンス, **36** (9), 29 (1997)
3) G. Constable : The Good Cook, Sauces, Time-Life Books Inc. (1983)

(佐藤充克)

7.2　発 酵 調 味 料

7.2および7.3項ではみりんを類似調味料と明確に区別するた

め，本みりんと言う（本みりんとは，酒税法で定められている「アルコール分が15度未満でエキス分が40度以上のもの」）．

7.2.1 発酵調味料とは

　発酵調味料とは，米，デンプン，糖類などを発酵，熟成することによりアルコールを含有しているにもかかわらず，酒税法上の不可飲処置によって，非酒類の加工食品として分類される醸造調味料である．加工食品としての発酵調味料には，不可飲処置により含有するアルコール濃度に応じた食塩が加えられている．このため，酒類のように酒税法上の規制を受けることはなく，製造方式において原料，微生物，発酵方法，熟成方法などの自由度が得られるので，目的とする調味，調香，加工適性に特徴を持たせた多様なタイプの発酵調味料が開発されている．発酵調味料の種類が多様であることから，その製造工程を単純に本みりんと比べることは難しいが，本みりんには酵母による発酵工程がなく，糖化工程のみであるのに対して，発酵調味料には不可飲処置と発酵工程のあることが特徴であると従来からいわれている．

　また，発酵調味料と同じ加工食品に分類できるみりん風調味料とは，含有するアルコール濃度が異なる．発酵調味料のアルコール濃度は通常7～55%[1]と高いのに対し，甘味調味料であるみりん風調味料のアルコール濃度は1%未満と少ない．なお，発酵調味料が加工食品であることは，清酒，本みりん，ワインなどの酒類と異なり，酒税が免除される特典がある．このことはコスト意識が強く，複数の調味料を使い分けて専門的に調理・加工を行う

業務・加工用ユーザーからの多様な要望に応えた商品開発へと結びつき,今日の姿にまで発展するきっかけの1つになったと考えられる.

一部の加工食品(55品目)を除き,これまで加工食品の品質表示基準は定められていなかったが,平成11年7月のJAS法(農林物資の規格化及び品質表示の適正化に関する法律)[2]の改正により,平成13年4月から一般消費者向けの全ての加工食品(製造又は加工された飲食料品)を対象として,共通した表示方法の適用が開始された.このため,加工食品である発酵調味料も,この改正JAS法に従った表示規制を新たに受けることになり,表示の統一性において進展があった.

発酵調味料が市場に登場したのは昭和27年頃[1]とされている.本みりんと清酒の性質を併せ持った塩みりんから始まり,その後多種多様な使用目的の商品が開発されている.わが国の伝統的醸造物である清酒,本みりん,醤油,味噌などと比較するとまだ歴史の浅い調味料であるが,商品の多様性を生かして主に業務・加工用分野での用途を拡大し,生産量は2001年には約132 000kl[3]に達している.

7.2.2 発酵調味料の種類

発酵調味料は昭和40年代に入って,各社が参入して市場が大きく拡大した.当時の背景として,かまぼこに代表される水産練り業界では原料事情によりスケトウダラの冷凍すり身への原料転換を余儀なくされたが,この魚に特有の魚臭が一般に嫌われたた

め,消臭,矯臭(きょうしゅう)を目的として発酵調味料が多く使用されるようになった.発酵調味料を使用することにより,魚臭の改善と同時に,練り製品に焼き色,てり・つやの改善にも効果が得られた.その後,たれ,つゆ,漬物などの業界に向けた用途が開拓され,業種別に適した様々なタイプの発酵調味料が開発,製造されるようになった.

このように業務・加工用を中心に発展してきた発酵調味料には種類が多く,現在のところ業界として統一された品質規格や基準は作られておらず,同じタイプの製品でも製造方法による品質差が大きい.この多様な発酵調味料を分類することは難しいが,これまでの分類[15-7]と業界の考え方を参考に分類を表7.9に示した.ここでは風味の性状,アルコール分,エキス分を指標として,表に示す6種類のタイプに分類した.この表の中で代表的なものは,みりんタイプ,清酒タイプ,ワインタイプである.

表7.9 発酵調味料の分類

品　　　種	特　　徴
1. 清酒タイプ	香味,その他の性状が清酒に近いもの アルコール分1〜30%,エキス分1〜20%未満
2. みりんタイプ	香味,その他の性状がみりんに近いもの アルコール分1〜30%,エキス分20%以上
3. ワインタイプ	香味,その他の性状がワインに近いもの
4. 高アルコールタイプ	食品の保存などに効果のあるもの アルコール分30%以上
5. 複合タイプ	品種1〜4の発酵調味料の複合したもの,あるいはその他の食品を混合して製造されるもの
6. その他	老酒風味,ラム酒風味,粉末状のものなど

みりんタイプに代表される発酵調味料は、業務・加工用の用途が一般的であるが、例外的に清酒タイプは料理酒の名称により、家庭用での需要が近年大きく伸びている．また、高アルコールタイプのものはアルコール含有量が高いことを生かして、微生物の静菌・殺菌効果が食品の保存性の向上に役立つという特徴を持っている．その他、特殊な用途向けとして粉末状製品、老酒風味、ラム酒風味が知られている．

7.2.3　発酵調味料の市場規模

発酵調味料は昭和27年頃に市場に登場し、昭和30年頃に酒税のかからない醸造調味料として注目されるようになり、昭和40年頃から多くの企業が参入して市場が拡大した．最近では、発酵調味料の生産企業数は全国で約30社と推定[1]されている．

発酵調味料の2001年における市場規模は、容量では132 472kl、金額では276億7 000万円、対前年比率1%増である[3]．最近4年間の市場規模の推移を表7.10に示すが、1999年の対前年マイナス成長を除くと、年率1〜4.5%の伸びを示している．発酵調味料は1980年代後半に2桁の高い成長を続けたが、1990年代に入ると1桁の緩やかな成長となり、今日に至っている．みりんの類似

表7.10　発酵調味料の年次別推定生産量と金額[3]

	1998年		1999年		2000年		2001年	
	生産量	前年比	生産量	前年比	生産量	前年比	生産量	前年比
容量(kl)	121 992	101.4	123 667	101.4	130 802	105.8	132 472	101.3
金額(百万円)	26 400	101.3	26 230	99.4	27 400	104.5	27 670	101.0

商品であるみりん風調味料が，ここ数年マイナス成長を続けていることを考えると，発酵調味料全体としては健闘していると言えるであろう．最近の成長は，主に料理酒（清酒タイプ）の伸びに負うところが大きい．

　発酵調味料における家庭用と業務・加工用の比率を見ると，業務・加工用が量的には約65%を占めて多いものの，金額的には家庭用が上回るといわれている[3]．商品構成では，業務・加工用の発酵調味料はユーザーの要望に合わせた様々な種類のものが見受けられるが，これに対して家庭用は約8割を料理酒が占める[3]．また，家庭用市場では大手3社のシェアが73.2%に達し，かなり集中化が進んでいるのに対して，業務・加工用市場では，大手3社のシェアは44.4%と分散している[3]．

7.2.4 発酵調味料の製造方法

　発酵調味料の製造方法は様々であり，品種，メーカーによって大きく異なる．清酒，本みりんなどの酒類では酒税法により原料，製造方法が厳しく定められているのに対して，発酵調味料は加工食品であることから，不可飲処置をすること以外に特別の規定はなく，業界内に共通した製造方法があるわけでもない．このため発酵調味料の製造方法は各社様々な工夫のもとに，製品に特徴を持たせる努力がなされている．

　発酵調味料の原料としては，発酵工程で使われる主原料の米のほかに，トウモロコシ，小麦，ブドウ，白糠（米粉）などのデンプン原料，および水あめ，ブドウ糖などの糖質原料の利用が知ら

れている．さらに，用途に応じて特徴を付与するために使われる副原料として，酒粕，ブドウ，スパイス類など幅広い原料がある．発酵調味料のアルコール含有量は7～55%[1]，また不可飲処置により食塩はアルコール度数に応じて添加されているため2～8%[1]含まれている．食塩を用いた不可飲処置では，酒類のアルコール分が10度以下の場合は酒類1kl当たりに白塩（純度93%以上のもの）を15kg以上，10度以上の場合には酒類1kl当たりに白塩を15kg×（アルコール分÷10）以上添加することと規定されている[4]．したがって，発酵調味料には少なくとも1.5%（w/v）以上の食塩が含まれていることになる．なお，発酵調味料の製造では不可飲処置が不可欠なことから，「もろみ製造免許」を必要としている．このため酒類との兼業メーカーが多く，専業メーカーは非常に少ない．

発酵調味料の製造方法は様々であるが，ここでは一例としてよく知られた製造工程[1]を図7.7に示す．この例では，発酵と熟成

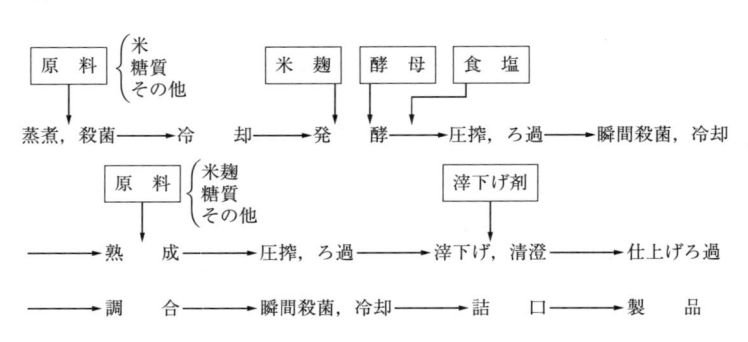

原料｛米，糖質，その他｝ → 蒸煮，殺菌 → 冷却 → 発酵 ← 米麹，酵母，食塩 → 圧搾，ろ過 → 瞬間殺菌，冷却

原料｛米麹，糖質，その他｝ → 熟成 → 圧搾，ろ過 → 澄下げ（澄下げ剤）, 清澄 → 仕上げろ過

→ 調合 → 瞬間殺菌，冷却 → 詰口 → 製品

図7.7 発酵調味料の製造工程
（文献 6) の図を一部改変）

の工程を併せ持つ製造方式になっている．デンプン原料ではまず蒸煮・殺菌されてから仕込まれる．デンプン原料を使う場合には糖化工程が必要となる．この糖化および発酵を旺盛にするために，原料を段階的に仕込むなどの工夫が行われる．発酵は規定の食塩存在下で行われることもある．このとき清酒酵母，ワイン酵母，ウイスキー酵母などが利用される[5]が，発酵調味料の製造で用いられる酵母は，食塩存在下でも十分発酵できるように耐塩性の訓養が必要とされる．発酵工程では，糖化の次に発酵を行うビール発酵方式による単行複式発酵か，麹を使って糖化と発酵を同時に進行させる清酒発酵方式による並行複式発酵のいずれかが行われている．さらに，この発酵工程の段階において，製品の香味成分，呈味成分に特徴を付与できるように，糖類だけでなくタンパク質についても選定がなされる．例えば，高級アルコールなどの香気成分の生成に必要となるタンパク質として白糠，大豆タンパク，小麦タンパク，酒粕，およびみりん粕などから目的に応じて選択・使用される[5]．次に，よく発酵した醪は圧搾・ろ過され，殺菌処理される．

熟成工程では米や糖質などの副原料が加えられ，醸造物としての香味の調和を図り，コクを増すとともに，特徴ある製品としての仕上げが行われる．一般に発酵調味料には多量の糖分が含まれており，グルコースを主成分にイソマルトース，パノースなどのオリゴ糖も認められ，上品な甘味を有している（表7.11）[5]．また，アミノ酸は含有量の多い醤油などに比べると少ないが，本みりんとほぼ同程度含まれており，味の厚みに関与する[5]と考えられ

表7.11 発酵調味料の糖組成[5]

	発酵調味料		備考
	A	B	
全糖分 (%)	42.9	48.0	レーマン法
直接還元糖 (%)	34.8	41.4	〃
グルコース (%)	24.9	36.3	酵素法
全糖中の組成 (%)			
グルコース区分	54.00	72.92	
マルトース区分	12.55	9.24	ニゲロース,マルトース,コウジビオースを含む
イソマルトース区分	6.18	4.90	
パノース区分	5.30	4.33	パノース,イソマルトトリオースを含む
デキストリン区分	21.97	9.61	

ている.有機酸としては乳酸,コハク酸,リンゴ酸,クエン酸,酢酸が含まれており,味に調和とまとまりを与えている.

この熟成工程では,前工程までにほぼ生成した糖,アミノ酸,有機酸などの成分から,さらにアミノ-カルボニル反応,エステル化反応により熟成香味成分,色調成分が生成される.このとき生成する熟成香の重要成分は高沸点の成分といわれている.発酵

表7.12 発酵調味料および調理用酒類の揮発性香気成分[6]

揮発性成分	発酵調味料		酒類			
	A	B	本みりん	清酒	クッキングワイン	老酒
2,4-DNPH[*1]	24.98	6.58	5.30	2.84	1.10	10.91
カルボニル化合物[*2]	3.25	1.22	1.40	0.98	0.22	2.40
エステル[*3]	9.08	5.03	0.80	3.95	3.10	7.90
フーゼル油	0.10	0.07	0.00	0.04	0.02	0.09

*1 揮発性カルボニル化合物を2,4-ジニトロフェニルヒドラゾンとして捕集 (mg%).
*2 アセトアルデヒドとして表示 (mg%).
*3 酢酸エチルとして表示 (mg%).

調味料に含まれている香気成分の一例[6]を表7.12に示す.

熟成期間が長く，酵母による発酵のない本みりんでは熟成に関連するカルボニル化合物が多く，逆に酵母発酵のみで熟成のない清酒ではエステル類，高級アルコール類（フーゼル油）が多い．表7.12からは，発酵調味料には酵母発酵により生成されるエステル類や高級アルコール類と，また熟成により生成されるカルボニル化合物の両系統の揮発成分が多く含まれていることがわかる．これらの香気成分は，発酵工程と熟成工程からなる発酵調味料の製造方法の特徴をよく表していると考えられる．

7.2.5 発酵調味料の主な用途と品質

発酵調味料には多様なタイプの商品が開発されており，その用途は様々である．また，各社の製造法も異なることから一概に要約することは難しいが，多様な用途があることを概観できるように一例を表7.13[7]にまとめてみた．また，発酵調味料のタイプごとの一般分析値を表7.14に，成分と調味・加工の関連を図7.8[8]にそれぞれ示した．

以下に代表的発酵調味料である，みりんタイプ，清酒タイプ，ワインタイプ，および用途に特徴のある高アルコールタイプについて概要を述べる．

(1) みりんタイプ

発酵調味料を代表するみりんタイプの用途は，表7.13からわかるように非常に幅広いことが特徴である．みりんタイプの主な調理効果として，水産関連品の魚臭・生臭さ改良，焼き色改良，

表7.13 発酵調味料の用途[7]

分 野	代 表 的 食 品	主 な 効 果	発酵調味料の種類
水産練り製品	かまぼこ, ちくわ	焼き色, つや出し	みりんタイプ
	揚げかまぼこ	フレーバーの練り込み	高アルコールタイプ
水産加工品	佃煮, 味付けのり, みりん干し	風味の付与, てりの付与	みりんタイプ
	塩辛, 珍味	魚臭・生臭さの改善	ワインタイプ, 高アルコールタイプ
惣 菜	中華惣菜 (ギョーザ, シューマイ) 和風惣菜 (煮物, 和え物)	味の調和, コクの付与	みりんタイプ, 清酒タイプ
	洋風惣菜 (ハンバーグ)	味の調和, 矯臭	ワインタイプ
つゆ・スープ	めんつゆ, 天つゆ, ポタージュスープ	味のバランス, 風味付け	みりんタイプ, 複合タイプ (みりん+ワイン)
	焼き肉のたれ, 蒲焼のたれ	味の調和	みりんタイプ
たれ・ソース	ハンバーグソース, デミグラスソース	味のバランス, 風味付け	ワインタイプ, 複合タイプ (みりん+ワイン)
畜肉加工品	ハム, ソーセージ, ベーコン	風味改良 表面殺菌, 日持ち延長	ワインタイプ 高アルコールタイプ
漬 物	醤油漬, 酢漬, 粕漬, 浅漬	味のバランス 保存性の改良	清酒タイプ, みりんタイプ 高アルコールタイプ
小麦粉製品	生中華めん, 生うどん, ギョーザの皮	日持ち延長	高アルコールタイプ
その他	米菓, ケチャップ, カレー, 加工酢	調味のバランス, 風味付け	みりんタイプ, ワインタイプ

注:文献8)の表を一部修正.

表7.14 発酵調味料の一般分析値

	銘柄	pH	酸度(ml)	アミノ酸度(ml)	アルコール(%)	食塩(%)	直糖(%)	全糖(%)	エキス(%)	備考
みりんタイプ	A	4.3	0.2	0.3	13.0	1.9	43.0	48.0	52.0	
	B	5.5	0.5	1.0	12.0	2.0	38.0	43.0	47.0	
	C	3.7	4.0	0.7	14.6	2.7	30.0	43.7	44.6	
	D	4.2	2.3	2.7	9.6	1.9	31.0	43.0	47.0	
清酒タイプ	A	4.6	3.0	9.0	17.7	3.0	1%未満	1%未満	9.6	
	B	4.2	1.9	0.3	13.0	2.4	8.2	8.4	12.0	
	C	4.5	2.0	5.0	15.0	2.5	4.0	5.0	10.0	
	D	3.9	4.4	1.5	14.6	2.6	8.3	8.5	12.5	
高アルコールタイプ	A	4.7	0.4	0.4	50.0	7.5	1%未満	1%未満	10.8	
	B	4.3	0.2	0.3	54.0	8.5	1%未満	1%未満	15.0	
	C	4.0	0.3	0.3	50.0	7.6	8.0	10.0	25.0	
	D	4.5	0.3	0.2	51.0	8.0	1%未満	1%未満	10.0	
ワインタイプ	A	3.2	6.0	1.2	13.0	2.0	2.3	2.5	9.0	白
	B	3.2	3.7	0.8	14.4	2.3	4.4	5.0	9.0	白
	C	3.5	4.7	1.0	14.0	2.4	3.0	3.5	9.4	赤
	D	4.0	5.0	1.5	10.0	1.6	1.5	2.0	7.0	赤
複合タイプ	A	4.3	1.5	3.0	9.0	1.6	41.0	45.0	48.0	みりん+清酒
	B	4.5	2.0	3.0	10.0	2.0	35.0	40.0	43.0	〃
	C	4.2	1.6	2.8	12.7	2.4	36.0	38.0	41.0	〃
	D	4.1	4.0	3.0	10.5	2.4	29.0	36.0	40.0	〃
その他		4.4	2.9	3.0	14.6	2.2	35.0	41.0	43.0	老酒タイプ

惣菜におけるコク・風味の付与，つゆ・たれにおける甘味・風味の付与などをあげることができ，それぞれに適した製品が開発されている．みりんタイプに共通する調理効果としては，主要成分であるグルコースおよびイソマルトース，パノースなどのオリゴ糖からなる糖分による温和な甘味の付与をはじめとして，照焼，つゆ・たれなどでは食品中のアミノ酸と加熱によるストレッカー分解，アミノ-カルボニル反応などによる焼き色やてりの付与，

図の内容:

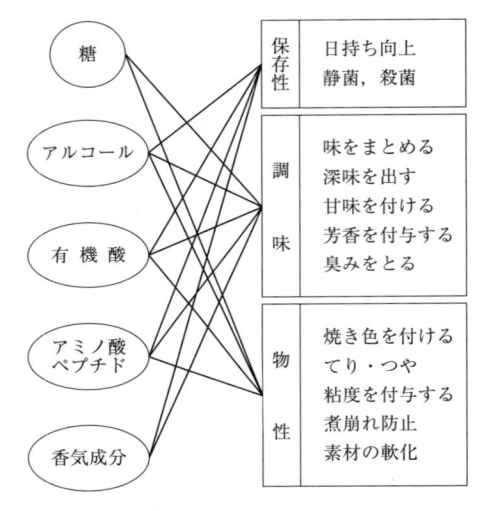

- 糖、アルコール、有機酸、アミノ酸ペプチド、香気成分
- 保存性：日持ち向上、静菌, 殺菌
- 調味：味をまとめる、深味を出す、甘味を付ける、芳香を付与する、臭みをとる
- 物性：焼き色を付ける、てり・つや、粘度を付与する、煮崩れ防止、素材の軟化

図7.8 発酵調味料の成分と利用[8]

またアセトアルデヒド，イソバレルアルデヒド，ピラジン化合物などの好ましい焙焼(ばいしょう)香気成分の生成と付与[6]が知られている．

　また，発酵調味料に共通する成分であるアルコールによる調理効果として，水溶性の呈味成分や脂溶性物質を溶解することから，均一な味付け効果や，肉などのタンパク質への浸透が良いこと，およびタンパク質の変性によるテクスチャーの改良効果や，殺菌効果[6]などが知られている．さらに，特定の品質特性を向上させて調理効果を高めることも行われている．例えば，魚肉のアミン類，アンモニアなどの臭気成分と反応性のある揮発性カルボニル化合物や臭いのマスキング作用のある高級アルコール，エステル類の含有量を高めた魚臭の改善を目的としたもの，あるいは

発酵調味料の発酵臭を抑えて米麹(こめこうじ)の風味を高めたつゆ・たれの風味改善を目的としたものなどが開発されている．このように，みりんタイプの中にさらに専用性を高めた発酵調味料が開発され，みりんタイプに幅広い用途を作り出している．

(2) 清酒タイプ

飲料用の清酒と異なり，調味料として食品の加工・調理において，風味を強く付与できる品質が清酒タイプには求められる．このため，清酒タイプ製造においては米の精白度を上げるよりは，むしろ米表層の原料成分を活用して，風味のある製品に仕上げるなど，醸造面からの工夫がなされている．清酒タイプの用途として，和風料理への風味の付与に加えて，含有する糖分が少ない（表7.14）ことから甘味を嫌う食品や，加熱による着色を嫌う食品に適している．また，明太子(めんたいこ)のような加熱処理ができない食品への風味付け[1]として使われることが知られている．

(3) ワインタイプ

ワインタイプの発酵調味料は，主として洋風料理に使用され，風味の付与，甘味を嫌う食品や加熱による着色を嫌う食品に適している．対象とする料理が，和風か洋風かの違いはあるが，使われ方は清酒タイプと同様である．ワインタイプは特徴として，ブドウ果実の風味が強く感じられ，さらに酒石酸，リンゴ酸などの有機酸，およびフェノール化合物が調理効果に関与しているといわれている．

(4) 高アルコールタイプ

高アルコールタイプの用途には特徴があり，これまで述べた発

酵調味料に比べると，調理効果よりも，含有するアルコールによる微生物の殺菌効果が重要視されている．エタノールの微生物に対する増殖阻害効果がどの程度であるのか検討された結果がある（5章，表5.7参照）．高アルコールタイプ発酵調味料のアルコール濃度は50%前後と高濃度であるが，発酵生産物，米麹成分，および副原料などが加わって熟成されていることから，エタノール特有の刺激臭がかなり緩和される特徴がある．しかも，表7.14に示すように，他の発酵調味料と比較して糖分やアミノ酸が少なく，また製品自体の色度も低いことから，着色を嫌う食品に適している．一方，使用する食品の香味変化，成分への影響などを考慮すると，アルコール濃度が5%以下となるような使い方が望ましいといわれている．したがって，微生物に対する静菌・殺菌を目的とする場合にも，エタノールの効果にpH，水分活性，食塩濃度，加熱殺菌などの効果を組み合わせて使うことが有効と考えられている．

7.2.6 発酵調味料の将来

発酵調味料の市場は数量・金額ともに，ここ数年ほぼ1～5%の成長をしており，デフレ経済のもとで多くの食品が縮小気味の国内市場にあって，今後も増加傾向は続くものと期待される．発酵調味料の特徴はその多様性であり，成長の大きな原動力になっていると言える．これを支えてきたのは，原材料，製造法での自由度を生かした醸造における技術開発ではないかと考えている．これまで一定の評価を得ている発酵調味料ではあるが，業務・加

工用中心から家庭用市場へと拡大し，今後も発展していくためには，品質面での技術開発が一層重要と考えられる．また，食品表示についても，近年，特に消費者の目が厳しくなっており，発酵調味料の規格化に向けた業界団体の取り組み，例えば全国発酵調味料協議会の活動が重要になってきている．業界として，規格化の動きが一歩前進することを期待したい．

参 考 文 献
1) 松田秀喜, 森田日出男：天然調味料の現状とその利用技術, p.88, 工業技術会（1996）
2) 農林物資の規格化及び品質表示の適正化に関する法律（最終改正：平成14年6月14日　法律第68号）
3) 池田俊郎, 鈴木悠司：酒類食品統計月報, 9月号, 27（2002）
4) 酒税法，第44条3項関係，通達50条．
5) 長浜源壮他：醸協, **81**, 722（1986）
6) 森田日出男：調理科学, **19**, 161（1986）
7) 堅正五郎：食品工業, **10**（30），65（1993）
8) 鍛冶義延：食品と開発, **22**（10），20（1987）

（森　修三・谷口淳也・橋本彦堯）

7.3 みりん風調味料

7.3.1 みりん風調味料の歴史

　糖を主成分として，アルコール含有量が酒類対象外になる1%（v/v）未満のみりん類似の調味料を「みりん風調味料」と呼んでいる．みりん風調味料の歴史は昭和22年（1947）に登場した「新みりん」がそのはじまりである．しかし，その名称が本みりんと

誤認されるという問題を生じ,昭和50年(1975)公正取引委員会の指導により,今のみりん風調味料という名称に落ち着いたといういきさつがある.

その後,みりん風調味料は酒税がかからないぶん安価で,酒販店以外でも買えること,また甘味だけでなく,てり・つやも本みりんに近い調理効果があることが理解されて,主に家庭用の甘味調味料として本みりんと肩を並べるまでの消費量になっている.

7.3.2 みりん風調味料の製法および成分

(1) 製　法

本みりんのように原料や製造方法が酒税法によって規定されてはいないので製造メーカーによって異なる部分もあるが,一般的には図7.9のように米から造った醸造調味料を基本原料にし,糖類などをブレンドして製造されている.

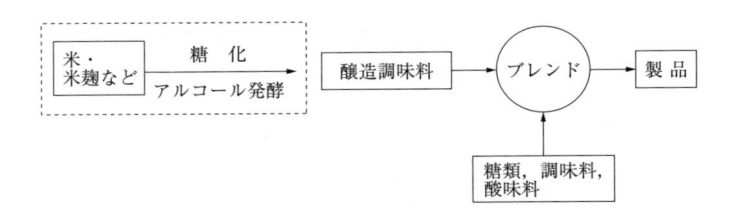

図7.9 みりん風調味料の製法

(2) 成　分

市販製品の分析値例を表7.16に示した.原料や製造方法が比較

表7.16 市販のみりん風調味料の成分分析値例（本みりんとの比較）

	全糖 (w/v%)	糖質の主成分(w/v%)		アルコール (v/v%)	pH	全窒素 (mg%)	表示原材料
		グルコース	マルトース				
A社 みりん風調味料	63.7	31.3	18.2	0.9	2.4	7.2	水あめ，米および米こうじの醸造調味料，醸造酢，酸味料
B社 みりん風調味料	73.5	32.7	18.9	0.3	2.5	7.0	水飴，醸造調味料，酸味料
C社 みりん風調味料	73.0	29.5	20.1	0.6	4.2	20.0	糖類（異性化液糖），米，米麹，調味料（アミノ酸等），酸味料
D社 みりん風調味料	73.5	32.7	18.9	0.9	2.9	10.1	糖類，米・米麹の醸造調味液，たんぱく加水分解物，酒粕抽出液，酸味料（乳酸，酢酸）
E社 本みりん	48.0	35.2	5.9	14.7	5.6	58.0	もち米，米こうじ，醸造アルコール，米しょうちゅう，糖類
F社 本みりん	47.9	34.5	2.8	14.4	5.5	53.0	もち米，米こうじ，醸造アルコール，糖類

(株)ミツカン調査

的自由なので，低カロリータイプの糖質を使用したみりん風調味料も開発されているが，基本的な品質設計は本みりんを「煮切った」ものである．すなわち，本みりんより高めの糖分を含み，アルコールは含まれていないが（1%(v/v) 未満），醸造調味料に由来するアミノ酸や香気成分が含まれ，うま味調味料が加えられることもある．糖質はグルコースとマルトースが主体である．なお，本みりんのようにアルコールを含んでいないので，開栓後の保存性を高める目的で，醸造酢や酸味料が加えられているのも特徴の

1つである[1-6].

7.3.3 みりん風調味料の調理効果

みりん風調味料はアルコールを含まないので，アルコールの調理効果，例えば加熱調理の時にアルコールと一緒に魚の生臭みを

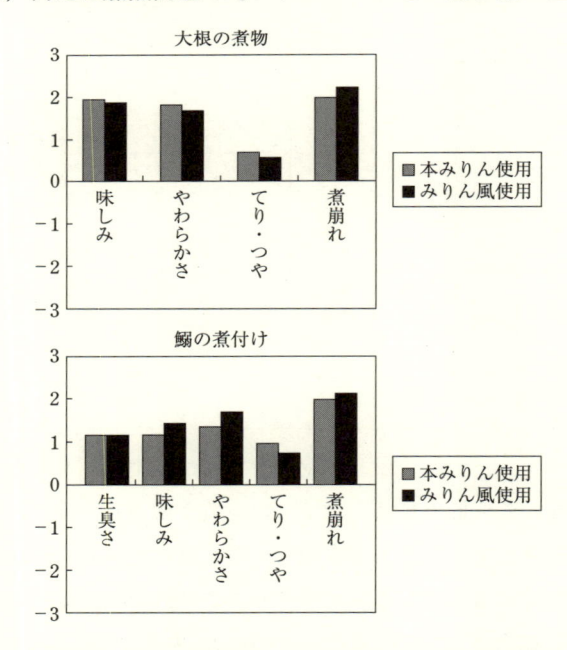

図7.10 みりん風調味料と本みりんを使った場合の調理効果の比較（(株)ミツカン調査）
パネル：首都圏在住の主婦100名
評価：絶対評価
　　3：非常に良い　2：かなり良い
　　1：やや良い　　0：どちらともいえない
　−1：やや悪い　−2：かなり悪い
　−3：非常に悪い

飛ばしてくれる効果はない．しかし，みりん風調味料に含まれる香気成分のマスキング効果で魚臭を抑制できることが知られている[7]．また，魚に含まれるアミン類を原料中の醸造酢や酸味料が中和して，その生臭みを抑える効果もある[8]．

図7.10は一般家庭でみりん風調味料と本みりんを使って実際に料理を作って評価した時の比較結果である．それによると，甘味付与以外の調理効果についても，本みりんと比べて特に遜色のない結果になっている．

7.3.4 みりん風調味料の今後の展望

みりん風調味料は，本みりんとほぼ同様の効果が得られることや，小売店にとっては販売にあたって「酒類販売業免許」が不要

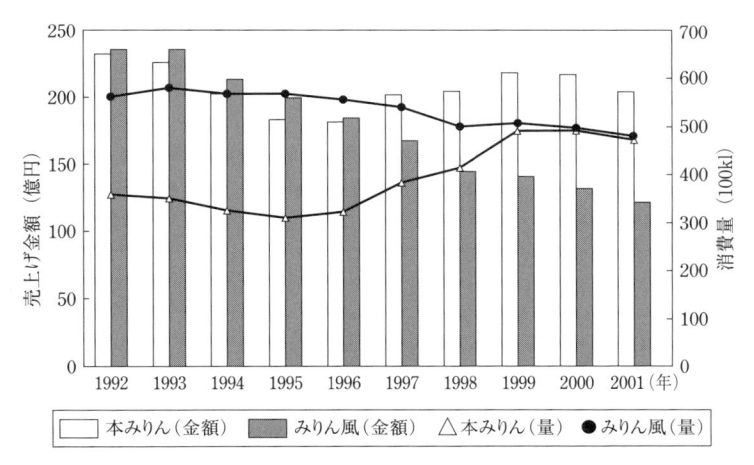

図7.11 みりん風調味料と本みりんの消費量（家庭用，（株）ミツカン調査）

であることなどから，総合スーパーの隆盛と歩調を合わせるように「どこでも買える調味料」として消費者に認知され，支持されてきた．しかし，1997年にみりん販売免許の規制緩和が実施され，小売店でも本みりんを販売できるようになったことや，近年の消費者嗜好の多様化などにより，みりん風調味料の消費は減少傾向にある（図7.11）．ただ，アルコールをほとんど含まないため，煮切る必要のない点や，アルコール分が苦手な人にも使える穏やかな甘味調味料として，今後も消費者から一定の支持を得ていくものと予想される．

参 考 文 献

1) 特開　平1-269467.
2) 特開　昭59-130163.
3) 特開　昭56-18568.
4) 特開　昭56-18567.
5) 特開　昭56-18566.
6) 特開　昭52-99294.
7) (株)ミツカン研究報告，未発表.
8) 笠原賀代子他：日水誌，**55**，715（1989）

〔赤野裕文〕

8章　みりんと酒税法

8.1　みりんの定義

　みりんはアルコール分を14％程度含む酒類(しゅるい)調味料である．酒税法第2条において「酒類」とは「アルコール分1度以上の飲料をいう」とある．さらに酒類は清酒，合成清酒，しょうちゅう，みりん，ビール，果実酒類，ウイスキー類，スピリッツ類，リキュール類および雑酒の10種類に分類されている．また，酒税法第1条に「酒類には酒税を課する」とあり，みりんは（現在では飲用にはほとんど供されないが）酒類であり，酒税を支払う調味料である（図8.1）[1]．

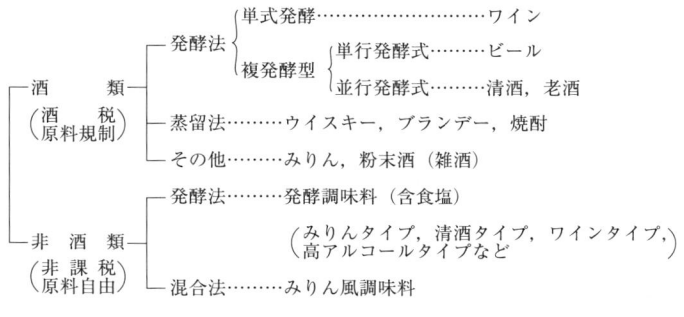

```
                    ┌ 単式発酵 ················ ワイン
            ┌ 発酵法 ┤        ┌ 単行発酵式 ······ ビール
            │        └ 複発酵型┤
 ┌ 酒　類 ──┤                 └ 並行発酵式 ······ 清酒，老酒
 │（酒　税）├ 蒸留法 ········ ウイスキー，ブランデー，焼酎
 │ 原料規制 │
 │         └ その他 ········ みりん，粉末酒（雑酒）
─┤
 │         ┌ 発酵法 ········ 発酵調味料（含食塩）
 │ 非酒類   │                （みりんタイプ，清酒タイプ，ワインタイプ，
 └（非課税）┤                 高アルコールタイプなど）
   原料自由 │
           └ 混合法 ········ みりん風調味料
```

図8.1　酒類およびその類似調味料

そして，酒税法第3条には次のようにみりんの定義がなされている．

イ) 米及び米こうじにしょうちゅう又はアルコールを加えてこしたもの．

ロ) 米，米こうじ及びしょうちゅう又はアルコールにみりんその他政令で定める物品を加えてこしたもの．

ハ) みりんにしょうちゅう又はアルコールを加えたもの．

ニ) みりんにみりんかすを加えてこしたもの．

また，ここで言う「政令で定めた物品」とは，水のほか，次に掲げられているものが原料として認められている（施行令第5条）．

1) とうもろこし，ブドウ糖，水あめ，タンパク質物分解物，有機酸，アミノ酸塩，清酒かす又はみりんかす．

2) 米又は米こうじに清酒，しょうちゅう，みりん若しくはアルコールを加え，又はこれにさらに水を加えてすりつぶしたもの．

原料として認められているブドウ糖，水あめは，みりんの原料である使用白米重量の2倍以下と定められていて，タンパク質物分解物は小麦グルテンを原料としたものに限るとしている．

さらに，こうじとは「デンプン質物その他政令で定める物品にかび類を繁殖させたもの（当該繁殖させたものから分離させた胞子又は浸出させた酵素を含む）」で，デンプン質物を糖化させることができるものと定義付けている．

また，みりんの原料ではないが，みりんの品質を向上させたり，劣化の要因となる物質を除いたりするために，次の物品が認めら

8.2 酒税率について

れている（酒税法施行規則第13条第18項）.

すなわち，みりん中の混濁物質や混濁の生成要因となる要因物質の除去，透明度の向上などを目的とするフィチン酸，珪藻土（けいそうど），セルロース，グルテン，柿タンニン，二酸化ケイ素，キトサン，ペクチナーゼ，プロテアーゼなどや貯蔵工程で品質劣化を起こすカルバミドの生成防止としてのウレアーゼ，酸度調整としての炭酸カリウム，炭酸ナトリウムなどや，さらには精製工程において味，香り，色などの異常が出たときの品質矯正（きょうせい）を目的とする活性炭，イオン交換樹脂などである．また，みりん醪（もろみ）の糖化を合理化する目的で酵素剤の使用が昭和43年に酒税法で認められ，その使用量は米麹（こめこうじ）と併用する米のデンプン重量の1/2 000量と定められた．そして昭和53年には酒税基本通達の改正により1/1 000量と改められた．

みりんは酒類であり，製造しようとする者は酒類の種類別に，また製造場ごとに製造場の所在地の所轄税務署長の免許を受けなければならず，販売についても1997年に小売販売免許の規制緩和[注]により量販店などへと売場が拡大したものの，やはり免許が必要であることには変わりはない．

なお市場では，酒税法上の区分である「みりん」に，「みりん風調味料」と「発酵調味料」を含めたものを「広義みりん」として捉えている（表8.1）.

 注）政府による規制緩和措置の一環として，家庭用調味料として消費されるみりん（エキス分40％以上，容量1.8L以下と規定）の販売免許を，原則申請のみで交付することに改めた．

表8.1　広義みりん

みりん(本みりん)	酒税法によって定められた原料・製法に則った酒類調味料．1L当たり21.6円の酒税*が課せられ，製造・販売には免許が必要．平成元年以前の酒税法ではエキス分16％以上の「みりん（「本みりん」と表示可）」と，16％未満の「本直し」に区分されていた．現在では，一般的に「本みりん」と呼ばれ「みりん風調味料」と区別されている．
みりん風調味料	糖・アミノ酸・有機酸などを混合して製造されるアルコール分1％未満，糖分60％以上の甘味調味料．製造・販売に免許を必要としないことから，主にスーパーを販路とする本みりん類似調味料として，1970年代より急拡大した．
発酵調味料	加塩発酵された醸造液に糖質原料など目的に応じた副原料を配合したアルコール含有調味料．みりんタイプ（古くは「塩みりん」などと呼ばれた），清酒タイプ（「料理酒」と称され主に家庭用市場で販売されている），高アルコールタイプなど，用途に応じた様々なタイプが開発されている．

*アルコール度数13.5度以上14.5度未満，エキス分40％以上の場合．

（鶴田智博作成）

8.2　酒税率について

　次に酒税率について述べる．みりんはアルコール分が13.5度以上14.5度未満のもので，1L当たり21.6円，アルコール分が14.5度以上のものは1度超えるごとに1L当たり1.6円が加算されることになり，13.5度未満で8度以上のものは1度下がるごとに1L当たり1.6円が減額される．これを他の酒類と比較すると，清酒ではアルコール分が15度以上，16度未満で1L当たり140.5円，ワインなどの果実酒で1L当たり56.5円，甘味果実酒（アルコール分13度未満）で98.6円と定められている．みりんの酒税は主目的が調味料であることも考慮して低く設定されてはいるが，調味料に

酒税が課せられていることに問題があるとも考えられる．

以前の酒税法ではみりんの種類に属していた「白酒」はリキュール類に組み込まれ，「米若しくは米こうじに清酒，しょうちゅう，みりん若しくはアルコールを加え又はこれらに更に水を加えてすりつぶしたもの」で，やはり酒類であり酒税が課されている．

また，練り製品などの生臭みを消す酒類調味料としてよく利用される「赤酒等」はその他の雑酒に属し，酒税法第22条第1項第10号に規定する「エキス分16度以上でその性状が本みりんに類似するもの」に該当し，赤酒，地酒，地伝酒といわれるものである．

これらの酒類，酒類調味料の成分分析法についても酒税法で定められており，昭和36年3月1日より実施されている（国税庁所定分析法の制定）．さかのぼって，間接国税課税物品である酒類の分析については明治45年に制定されたが，その後の分析技術の進歩，物品の多様化などにより改正されたもので，みりんについても，試料の採取方法や比重，アルコール分，エキス分，総酸度，アミノ酸，メチルアルコール，塩化ナトリウムなどの分析法が制定されている．

最近，一般消費者向けにも出回っているアルコール含有の発酵調味料は，酒税法第50条「税務署長の承認を受ける義務」中の第1項関係通達12に「酒類に酒類として飲用することが出来ない処置を施す場合の承認」の適用によるもので，アルコール度数により所定量の食塩を添加して，酒税を免れて製造される調味料である．加塩による不可飲処置はアルコール分が10度以下で1L当

たり15g以上(純度93%以上の白塩),アルコール分が10度以上の場合は1L当たり15g×アルコール分×1/10以上の食塩を添加することが定められている.

次に発酵調味料とともにみりん風調味料が多く市販されているが,この調味料はアルコール分が1度未満であり,酒類の範疇には入らないので酒税は不要であるが,原料,製造法や成分についても規準,規制がなく,メーカーにより品質差がある(表8.2)[2].

表8.2 みりんおよびその類似調味料の一般成分

	赤 酒	みりん		発酵調味料		みりん風調味料	
		A	B	C	D	E	F
pH	7.50	5.65	5.80	3.70	4.82	3.40	4.88
酸 度	0.20*	0.56	0.40	5.10	0.92	2.81	2.46
アミノ態窒素 (mg%)	22.0	29.2	27.0	23.4	18.9	5.0	5.0
全窒素 (mg%)	88.2	78.8	87.0	61.0	60.0	11.8	15.9
直 糖 (%)	30.1	42.1	41.5	34.8	41.4	47.7	42.1
全 糖 (%)	32.3	47.2	46.9	42.9	48.0	68.3	61.5
アルコール (%)	13.0	14.0	14.4	7.6	11.8	0.9	0.8
食 塩 (%)	0.0	0.0	0.0	1.6	1.7	0.2	0.4

*アルカリ度.

参 考 文 献

1) 河辺達也,細川大介,森田日出男:食品工業, **33**, 64 (1990)
2) 森田日出男:調理科学, **19**, 161 (1986)

(森田日出男)

9章 みりんの品質規格と消費動向

9.1 広義みりんの消費動向

9.1.1 広義みりんとは

 広義みりんとは,酒税法上の区分である「みりん」に,類似製品である「みりん風調味料」と「発酵調味料」を含めた市場の捉え方である(8章,表8.1参照).

 本章ではみりんをみりん風調味料,発酵調味料と明確に区別するため,本みりんと言う.

9.1.2 広義みりんの市場規模

 1991〜2000年の市場規模は,図9.1の通りである.1998年に前年数量を割っており,少子高齢化や調味料のプレミックス化に伴い,今後も総需要は伸び悩むものと思われる.

 統計上は2000年度以降,本みりんが大きく伸長しているが,これは焼酎類似みりん(アルコール分20%以上,エキス分5%前後のやや甘い酒で,低酒税を武器に,焼酎の代替品として需要を伸ばしたもの)が含まれるためで,本来の調味料としての本みりんと,統計上区分けがなされていないからである.

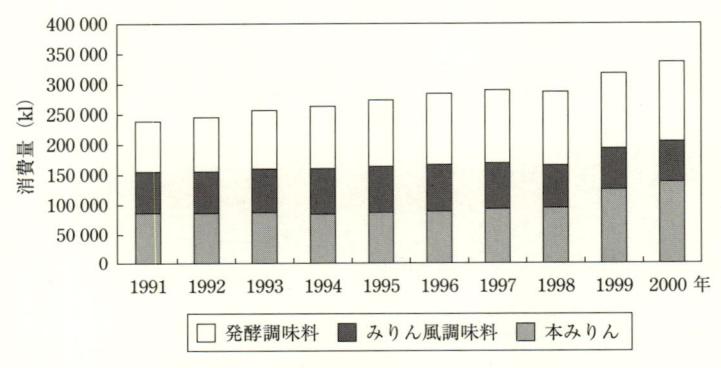

図9.1 広義みりん市場規模の推移（資料：国税庁・日刊経済新聞社）

9.1.3 広義みりんのメーカー別シェア

　本みりんでは，「タカラ本みりん」の宝酒造が51.5%（2002年）と過半数を占めている[注]．同社が統計史上トップブランドであり続ける背景には，1950年代における家庭料理への普及に向けた酒税減税運動や，テレビの料理番組の提供，料理学校へのサンプリングなどの不断の普及啓蒙活動があり，今日の「酒類調味料」としての市場を切り開いたことは特筆に値する．

　みりん風調味料では，「ほんてり」のミツカン（32.7%）と，「日の出新味料」のキング醸造（31.5%）が，老舗の福泉産業（18.1%）を抜いて双璧となっている（2000年）．

　発酵調味料では大きなシェアを持つメーカーはなく，協和発酵

　注）「全国味淋協会」によるエキス分16%以上の本みりんメーカー別課税移出数量より．「全国旧式みりん協議会」集計分はエキス分16%未満の焼酎タイプ本みりんが含まれるため集計から除いた．

の11.6%, メルシャンの9.5%(2000年)が上位を占めている.

9.1.4　本みりんの市場規模とみりん小売免許緩和

本みりんの市場規模は, 1996年の「みりん小売免許緩和」により, 家庭用消費を中心に伸長してきたが, ここ数年は構成比の大きい外食需要が落ち込み, 総需要としては鈍化傾向にある(表9.1).

この免許緩和は, 家庭用広義みりん市場に2つの変化をもたらした. 1つは, みりん風調味料の主要販売チャネルであるスーパーが免許を取得し, 同じ売場に本みりんを並べたことにより, 本物・本格志向の消費者を中心に, 本みりんへの買い替え需要が喚起された. 図9.2に, 免許緩和の前後で, スーパーにおける本みりんとみりん風調味料の販売構成比の推移を示す.

2つめは, 本みりんメーカーの商談相手が, 酒類担当者から調味料担当者へ移ったことで, 従来から調味料担当者と接点の深かった非酒類メーカーが, 商談面で優位に立ち, 多くの売場を獲得

表9.1　免許緩和前後の本みりんメーカー出荷量と消費量の推移

年　度	メーカー出荷量		消　費　量	
	数量 (kl)	前年比 (%)	数量 (kl)	前年比 (%)
1995年	95 104	103.5	87 476	103.1
1996年	96 986	102.0	89 222	102.0
1997年	105 925	109.2	93 488	104.8
1998年	109 709	103.6	95 923	102.6
1999年	157 708	143.8	125 763	131.1
2000年	134 412	85.2	138 286	109.9

(資料:日刊経済新聞社)

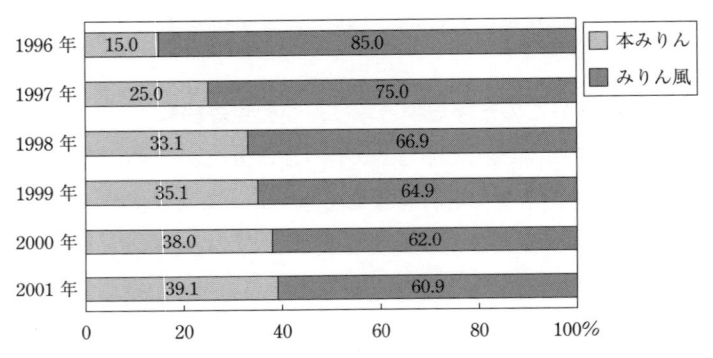

	本みりん	みりん風
1996年	15.0	85.0
1997年	25.0	75.0
1998年	33.1	66.9
1999年	35.1	64.9
2000年	38.0	62.0
2001年	39.1	60.9

図9.2(1) スーパーにおける本みりんとみりん風調味料の購入容量構成比推定（インテージ調査）

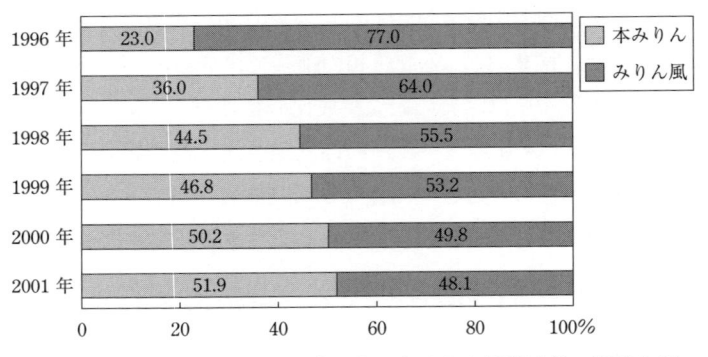

	本みりん	みりん風
1996年	23.0	77.0
1997年	36.0	64.0
1998年	44.5	55.5
1999年	46.8	53.2
2000年	50.2	49.8
2001年	51.9	48.1

図9.2(2) スーパーにおける本みりんとみりん風調味料の販売金額構成比推定（インテージ調査）

することとなった．さらに，業務用食材卸や化成品卸（食品添加物などの卸）などの新規参入も始まり，酒販チャネルの既得権が脅かされることとなった．

いずれも，本みりんが「酒類」から「食品」として扱われるよ

うになった歴史的な過程であり，このような変化は，スーパーにおける「本みりんの特売」や，業務用市場におけるペット容器の拡大などの副産物をももたらした．

9.1.5 家庭における本みりんの消費実態

本みりんの家庭への浸透率を他の基礎調味料と比較したものが，図9.3である．本みりんは，醤油，酢，味噌などの伝統的醸造調味料と比べ，購入経験率・購入金額とも低い位置にプロットされており「未だ発展途上の調味料」と捉えられる．

隠し味ともいわれる脇役的な調味料であることや，長い間いわゆる「酒屋さん」でしか買えなかったという特殊な流通事情が本みりんの成長を鈍化させてきた要因であろう．

次に，メニューとの関連を見るが，主婦320名に本みりんを使

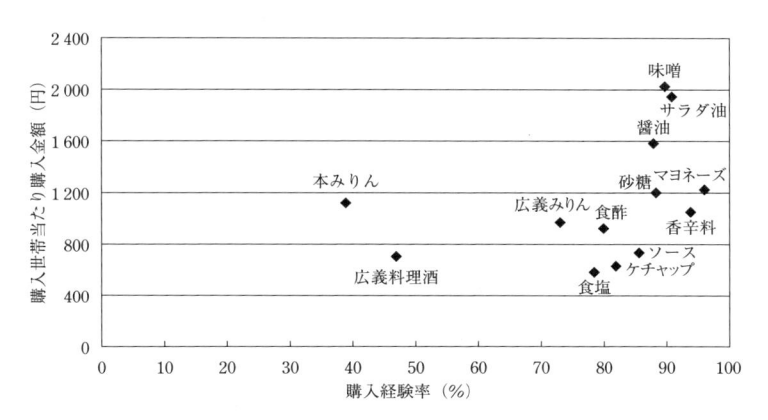

図9.3 家庭用調味料の浸透率（インテージ調査）
集計期間：2001年6月〜2002年5月

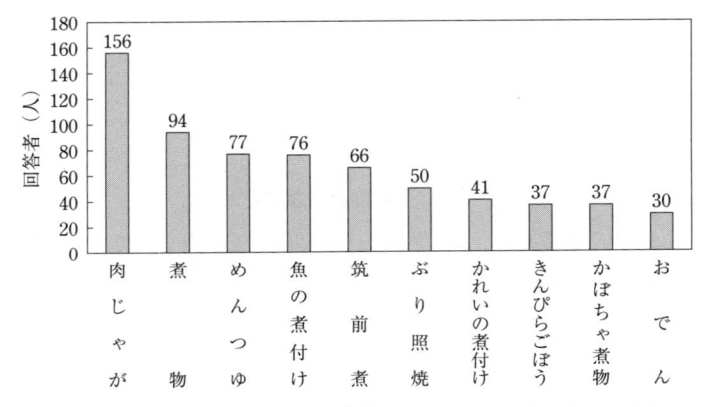

図9.4 家庭における本みりん使用メニュー（1998年・宝酒造調査，自由回答，$N = 320$）

用するメニューを自由に回答させたところ，約半数の主婦が「肉じゃが」をあげたほか，「煮物」「煮魚」が上位を占め，次いで「めんつゆ」「照焼」などがあがっている（図9.4）．

9.2 本みりんの分類

9.2.1 本みりんの品質による分類

本みりんは，メーカーやブランドによる品質の個性はあるものの，JAS法の対象である醤油や，酒業法（「酒税の保全及び酒類業組合等に関する法律」施行令）で品質規格が明文化されている清酒などと違い，原材料や製造方法，成分による呼称の規定が明確にされていない．ここでは，業界団体によって検討されている「みりんの表示に関する基準（改正案）」と，市販品のラベル表示・

表現から，主な品質上の分類を試みることにする．

(1) 普及タイプ（醸造用糖類添加タイプ）

現在の本みりんの主流をなす．ラベルの原材料表示に「糖類」と表示されている．伝統的な製造法では，もち米，米麹(こめこうじ)，焼酎のみを原料としていたが，戦後まもなく醸造用糖類の使用が認められたことにより，低コストで糖度の高い，より「調味料」に適した本みりんの製造が可能となった．製造技術の革新とともに，現在では本みりんの総生産量の8割近く（推定）を占めている．

(2) 純米タイプ（醸造用糖類無添加タイプ）

伝統製法を踏襲し，甘味・香りなどの有効成分を，米麹によるもち米の糖化・熟成のみに頼って造られるのが「糖類無添加タイプ」である．「純米みりん」「純もち米」などと表示され，飲食店を中心に支持されている．また，調味料としてだけではなく，飲用や梅酒用にも用途を広げた訴求がなされている．

(3) 有機本みりん

有機認証を取得した原材料と，厳格な工程管理によって製造された糖類無添加タイプの本みりん．「有機」と表示するためには，国税庁による「酒類における有機等の表示基準」を満たしていることが必要となる．原材料や食品表示に対する不信感・不安感が広がるなか，安心を求める消費者層の需要や，有機加工食品の原料として今後需要の拡大が見込まれる．

(4) 長期熟成タイプ

本みりんの熟成期間はメーカーによって異なるが，技術革新によって短期間で十分な品質の本みりんが製造されている一方で，

「長期熟成」を訴求する商品も散見される．業界団体では，貯蔵期間が3年以上のみりんに限り「長期熟成・長期貯蔵」との表示を認める方向で検討を行っているが，長期熟成が調理効果に与える効果は科学的には解明されていない．

(5) みりん1種とみりん2種

品質規格とは性格が異なるが，酒業法では「自己の連続式蒸留機により製造したしょうちゅう又はアルコール」によって仕込まれた本みりんを「みりん1種」，それ以外の本みりんを「みりん2種」と規定している．

9.2.2 その他の本みりんの呼称

(1) 三河みりん

愛知県三河地方で生産される本みりんの総称．「九重味醂」「相生味淋」など現在でも約20醸造場が生産を続けている．

(2) 白みりん

江戸時代後期，当時の三河みりんがやや赤黄味を帯び，濁りがあったのに対し，千葉県流山地方で生産されたみりんは，現在の本みりんに近い透明感のある黄金色をしていたことから「流山白みりん」と称されていた．

9.3 本みりんの将来と品質規格

9.3.1 本みりんの選択の目安

前節で述べたように，本みりんには明確な品質規格がないため，

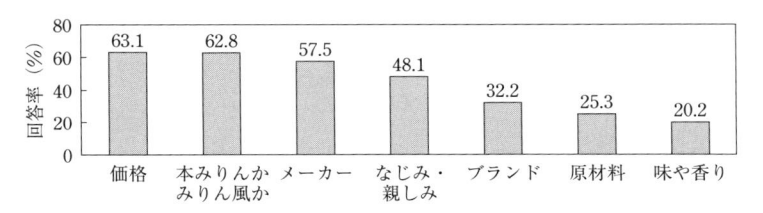

図 9.5 主婦がみりんを購入する際に重視すること(1998年・宝酒造調査,複数回答,$N = 320$)

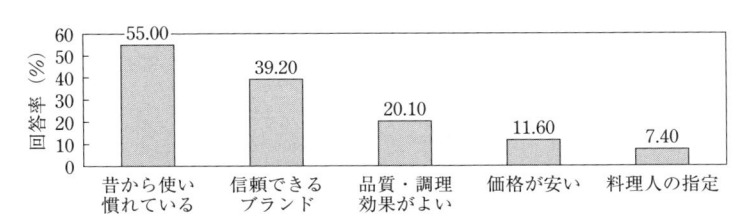

図 9.6 外食店が使用している本みりんの使用理由(2001年・宝酒造調査,複数回答,$N = 189$)

家庭用では主に「価格」が商品選択の目安となり(図9.5),外食用では「慣れ・なじみ」から1つのブランドを使い続ける傾向が強く(図9.6),原材料や品質面から本みりんを吟味して選ぶという意識はほとんど見られない.

9.3.2 本みりんの品質への満足度

主婦に対して,普段使用している本みりんの品質に対する満足度を調査すると,「中身の色」「アルコール分」「糖分」については「ちょうどよい」「意識しない」とする主婦の合計が約9割,「におい・香り」については「意識しない」が5割以上,「液の粘

度」については「ちょうどよい」が9割以上を占め，品質に対する顕在的な不満はほとんど見当たらない．サラダ油が，カロリーや独特の香り（におい），揚げ物の際のハネなど，物性面での顕在的な不満を解決する形で商品開発が進められてきたのに比べると対照的である．

また，調理効果に関しても，「今以上の高い効果を望む」主婦は約2割に留まっており，本みりんの今後の品質開発には，使い手が予期していない全く新しい「品質価値」の創造が必要であると言える．

一方，主婦にとって魅力を感じる本みりんを選択式で調査したところ，「うま味成分豊富でコクがある本みりん」がトップにあげられ，次いで「長期熟成」「100%国内醸造」「もち米100%」などが続き（図9.7），本みりんの品質規格の整備には，これらの評価軸に対する定量的な基準を設けることが有効であると考える．

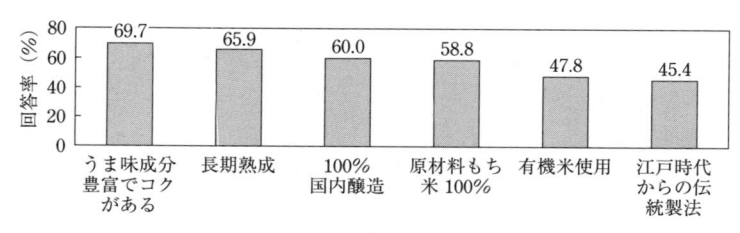

項目	回答率(%)
うま味成分豊富でコクがある	69.7
長期熟成	65.9
100%国内醸造	60.0
原材料もち米100%	58.8
有機米使用	47.8
江戸時代からの伝統製法	45.4

図9.7 主婦が魅力を感じる本みりん（1998年・宝酒造調査，複数回答，$N = 320$）

9.3.3 本みりんの将来展望

本みりんは，酒税法の管理下にあることや，長らくみりん風調

味料との違いの訴求に腐心してきたという歴史のなか，品質規格の整備や，バラエティ化の面で，他の調味料に比べ後れをとっている点は否めない．

今後の本みりんの消費動向を展望すると，
① 少子高齢化による食市場そのものの縮小
② 主婦の社会進出による家庭内調理の減少
③ 若年主婦層の（広義）みりん離れ
④ 外食市場における料理の口承伝達文化の消滅
⑤ コスト削減のための安価な原料への移行
⑥ 加工食品メーカーの生産拠点の海外移転による国内需要の空洞化

など，必ずしも明るいとは言えない．

これらを克服し，本みりんがさらに発展するためには，概ね以下のような対応策が必要と思われる．
① 品質規格を明確化（表示規約の法的整備など）したうえで，原料・製法・成分で規定した「高付加価値商材」を開発し，「（価格だけではなく）品質価値で選択される調味料」に育成する．醤油に見られる「丸大豆」や，食酢に見られる「純米酢・玄米酢」などが先行事例である．
② 本みりんとその調理効果，料理法に対する理解を深めるため，業界をあげての普及・啓蒙活動を展開し，購入経験率を他の基礎調味料並みに高めていく．
③ 用途特性に合わせた品質開発や，だし，醤油などと合わせて使われる場面を想定したプレミックス調味料を開発するこ

とで，専門需要・間接需要を広げていく．

21世紀を迎え，合理化・工業化されすぎた食生活への反省から，イタリア生まれの「スローフード運動」が日本でも注目を集めている．本みりんは，日本のスローフードともいうべき家庭料理，すなわち手作りの煮物や煮魚などには欠かせない調味料であり，これからも私たち日本人の心と体の健康を支え続ける「名脇役」として，あらためてその価値が見直されていくに違いない．

参 考 文 献
1) （財）科学技術教育協会出版部編：生活の科学シリーズ20，本みりんの科学，（財）科学技術教育協会（1986）
2) （財）大蔵財務協会編：平成12年版 酒税関係法令通達集（2000）
3) 国税庁課税部酒税課監修，（財）大蔵財務協会編：酒類に関する公正競争規約集（2000）
4) 高松嘉幸：第8回みりん研究会講演要旨集（2001）
5) 山下　勝：醸協，**87**（11），792（1992）
6) 森田日出男：調理科学，**19**（3），161（1986）

(鶴田智博)

索　　引

ア　行

赤酒　186
灰持酒　186
揚煮　39
アスパラギン酸　149
アセタール類　98, 110
甘い珍酒　29
甘味度　101
アミノ-カルボニル反応　91, 99, 141, 152
　——中間生成物　144
霰酒　24
アリューロン層　80
アルカリ度　191
アルギニン　149
アルコール類　110
α-ジカルボニル化合物　141, 143, 152
アントシアニン　139

イソマルトース　89, 101, 141, 148
イソマルトトリオース　89, 101, 141
煎酒　34

うなぎ蒲焼　192

液体麹　74
エステル類　111
エストファ　203
エストファゲン　205
エチル-α-D-グルコシド　92, 148
江戸期　28
延喜式　187

乙類焼酎　74
オリゴ糖　148
滓下げ　115
滓下げ工程　93

カ　行

加圧式連続蒸米機　81
櫂入れ　88
返し　174
柿渋タンニン　93
隠し味　199
掛米　64
カド味　173
加飯酒　194

索　引

鑒湖水　195

機械製麹法　81
黄麹菌　3, 67
揮発性カルボニル化合物　92, 110
旧式焼酎　75
共沸効果　144

黒酒　187
グアイアコール類　110
グリセリン　69
グリセロール　69
グルタミナーゼ　71
グルタミン酸　149

ケーシングかまぼこ　142
元紅酒　194

高アルコールタイプ　215, 225
香気成分　108, 221
広義みりん　235, 239
コウジビオース　102, 148
麹蓋法　81
香雪酒　193, 194
後発酵　196
高分子オリゴ糖　100
小売販売免許の規則緩和　235
甲類焼酎　74
国税庁所定分析法の制定　237

古酒との交代　34
糊粉層　80
こぼれ梅　93
混濁物質　115

サ　行

殺菌効果　226
3次元変角光度計　139
残存酵素活性　66

シェリー　201
脂質フェノール　80
紹興酒　193
酒業法　244
酒精強化ワイン　201
酒税法上の不可飲処置　213
酒税法第1条　233
酒税率　236
酒糟　196
*Pseudomonas*属　80
酒薬　194
酒類調味料　9, 119, 185, 240
酒齢　194
小曲　194
漿水　195
焼酎用白麹菌　66
焼酎類似みりん　239
食用本草書　30
素人包丁　36
白酒　21, 187, 237
白酒醪　11

索　引

白みりん　246
新夏法　188
新式焼酎　75
地酒　186
地伝酒　186
JAS法　214
純米みりん　245
醸造調味料　3, 216
醸造用糖類　75, 245

スローフード運動　250

清酒タイプ　215, 225
川柳　30
善醸酒　194
全窒素　98

タ　行

多酸清酒　69
竪型精米機　80
種麹　71
攤飯　196

長期熟成　246
長期熟成みりん　80
調理効果　8
直接還元糖　98
直糖　98
チロシナーゼ活性　71
陳醸　194
陳年酒　194

糟焼　196
つや　37

低真空走査電子顕微鏡　126
低分子オリゴ糖　100
呈味閾値　135
定量的解析　8
てり・つや付与効果　170
照焼　39
出麹　82
デミグラスソース　208

糖化・熟成　70
糖質原料（発酵調味料）　217
糖フェノール　80
言経卿記　56
トランスグルコシダーゼ　102
　──活性　70
トレハロース　89, 102

ナ　行

南蛮酒　23
煮切り　10, 81, 115, 137
煮切りみりん　115, 125
煮切る　39
肉の筋繊維　125
ニゲロース　102, 148
日本山海名産図絵　77
忍冬酒　22

練酒　19

ハ 行

箱麹法　81
破精込み　73
破断エネルギー値　127
破断応力　127
発酵工程　219
発酵調味料　213
　——の一般分析値　223
　——の用途　222
ハッシュドビーフ　208
花彫酒　194
はも柳川鍋　192
焙炒処理工程　74
バニリン酸エチル　89
パノース　89
散麹　3, 72

火落菌　190
非結晶性糖類　141
非酵素反応　91
非発酵性オリゴ糖　85
火持酒　186
品質表示基準　214
ビーフシチュー　208
ピログルタミン酸　108

フィロキセラ　203
フェノールカルボン酸　109
フェノールカルボン酸エチル　89
フェルラ酸エチル　80, 89
フォルモール態窒素　98
不可飲処置　218
副原料（発酵調味料）　218
複合タイプ　215
ブランデー　202
プレミックス調味料　178

餅麹　4, 72
ヘッドスペースガス　142

黄酒　193
胞子の着生量増大　72
包丁文化　34
保命酒　22
本夏法　188
本朝食鑑　77
本直し　16, 236
本みりん　236
ポート　201
　——ワイン　202

マ 行

前発酵　196
マスキング　10, 199
マデイラワイン　201
マルトース　148
マルムジー　206
万宝料理秘密箱　35

三河みりん　246
霙酒　24
蜜淋酒　13
蜜淋酎　13
味淋　13
みりん1種　246
みりん粕　116
みりん小売免許緩和　241
みりんタイプ　215, 221
みりん2種　246
みりんの製造工程　64
みりんの定義　234
みりん風調味料の製法　228
みりん風調味料の調理効果
　　230
みりん用麹菌　70

*Mucor*属　67
麦麹　195

メバロン酸　71
メラノイジン　149

木灰　186
守貞漫稿　56
醪上澄　114

ヤ 行

焼きだれ　191
薬効　30
柳蔭　16

有機酸　98, 106
有機本みりん　245

養生訓　50

ラ 行

老酒　193
老酒麹　68

*Rhizopus*属　67
立体物光沢分析装置　139
料理通　37
料理早指南　36
料理物語　31
淋飯　196

レトルト臭　180

ワ 行

ワインタイプ　215, 225

【編著者紹介】

森田日出男（もりた　ひでお）

【略　　歴】
- 1937年　愛知県に生まれる。
- 1961年　東北大学農学部農芸化学科　卒業
- 1961～2001年　宝酒造（株）
  同社伏見工場酒類第二課（みりん製造）に配属後，中央研究所，新製品開発室，食品研究所長，食品営業部長，調味料開発部長，調味料研究所長，調味料事業部門副本部長を歴任し2001年3月に同社を退職し同時に非常勤顧問となる。
- 1975年　農学博士号取得（みりんの香気成分に関する研究）
- 2001年　モリタフードテクノ　代表取締役　社長
- 2002年　宝酒造（株）酒類，食品事業本部　顧問
  現在に至る。

【専門分野】

酒類調味料，和風調味料の研究開発をはじめ調味料成分と調味効果の研究，食品機能性素材の開発や脱塩，冷凍，濃縮を主とした食品加工技術，また，カビの代謝産物についての研究など幅広い分野で活躍。

みりんの知識

2003年11月25日　初版第1刷発行

編著者　森田日出男

発行者　桑野知章

発行所　株式会社　幸　書　房

〒101-0051　東京都千代田区神田神保町1-25
phone 03-3292-3061　fax 03-3292-3064
URL：http://www.saiwaishobo.co.jp

Printed in Japan　2003©

三美印刷

本書を引用または転載する場合は必ず出所を明記してください．
万一，乱丁，落丁がございましたらご連絡下さい．お取り替えいたします．

ISBN4-7821-0235-6　C1077